Forschung und Praxis

Band 136

Berichte aus dem
Fraunhofer-Institut für Produktionstechnik
und Automatisierung (IPA), Stuttgart,
Fraunhofer-Institut für Arbeitswirtschaft
und Organisation (IAO), Stuttgart, und
Institut für Industrielle Fertigung und
Fabrikbetrieb der Universität Stuttgart

Herausgeber: H. J. Warnecke und H.-J. Bullinger

Andreas Altenhein

Kollisionsbehandlung als Grundbaustein eines modularen Industrieroboter-Off-line-Programmiersystems

Mit 53 Abbildungen

Springer-Verlag
Berlin Heidelberg New York
London Paris Tokyo Hong Kong 1989

Dipl.-Ing. Andreas Altenhein
Fraunhofer-Institut für Produktionstechnik und Automatisierung (IPA), Stuttgart

Dr.-Ing. H. J. Warnecke
o. Professor an der Universität Stuttgart
Fraunhofer-Institut für Produktionstechnik und Automatisierung (IPA), Stuttgart

Dr.-Ing. habil. H.-J. Bullinger
o. Professor an der Universität Stuttgart
Fraunhofer-Institut für Arbeitswirtschaft und Organisation (IAO), Stuttgart

D 93

ISBN-13: 978-3-540-51418-3   e-ISBN-13:978-3-642-83860-6
DOI: 10.1007/978-3-642-83860-6

<u>Geleitwort der Herausgeber</u>

Futuristische Bilder werden heute entworfen:

o Roboter bauen Roboter,

o Breitbandinformationssysteme transferieren riesige Datenmengen in
  Sekunden um die ganze Welt.

Von der "menschenleeren Fabrik" wird da gesprochen und vom "papierlo-
sen Büro". Wörtlich genommen muß man beides als Utopie bezeichnen,
aber der Entwicklungstrend geht sicher zur "automatischen Fertigung"
und zum "rechnerunterstützten Büro". Forschung bedarf der Perspektive,
Forschung benötigt aber auch die Rückkopplung zur Praxis - insbesondere im Bereich der Produktionstechnik und der Arbeitswissenschaft.

Für eine Industriegesellschaft hat die Produktionstechnik eine Schlüs-
selstellung. Mechanisierung und Automatisierung haben es uns in den
letzten Jahren erlaubt, die Produktivität unserer Wirtschaft ständig
zu verbessern. In der Vergangenheit stand dabei die Leistungssteigerung
einzelner Maschinen und Verfahren im Vordergrund. Heute wissen wir, daß
wir das Zusammenspiel der verschiedenen Unternehmensbereiche stärker
beachten müssen. In der Fertigung selbst konzipieren wir flexible Fer-
tigungssysteme, die viele verkettete Einzelmaschinen beinhalten. Dort,
wo es Produkt und Produktionsprogramm zulassen, denken wir intensiv
über die Verknüpfung von Konstruktion, Arbeitsvorbereitung, Fertigung
und Qualitätskontrolle nach. Rechnerunterstützte Informationssysteme
helfen dabei und sollen zum CIM (Computer Integrated Manufacturing)
führen und CAD (Computer Aided Design) und CAM (Computer Aided Manufacturing) vereinen. Auch die Büroarbeit wird neu durchdacht und mit
Hilfe vernetzter Computersysteme teilweise automatisiert und mit den
anderen Unternehmensfunktionen verbunden. Information ist zu einem
Produktionsfaktor geworden, und die Art und Weise, wie man damit umgeht,
wird mit über den Unternehmenserfolg entscheiden.

Der Erfolg in unseren Unternehmen hängt auch in der Zukunft entscheidend von den dort arbeitenden Menschen ab. Rationalisierung und Automatisierung müssen deshalb im Zusammenhang mit Fragen der Arbeitsgestal-
tung betrieben werden, unter Berücksichtigung der Bedürfnisse der Mitarbeiter und unter Beachtung der erforderlichen Qualifikationen. Investitionen in Maschinen und Anlagen müssen deshalb in der Produktion wie
im Büro durch Investitionen in die Qualifikation der Mitarbeiter be-
gleitet werden. Bereits im Planungsstadium müssen Technik, Organisation
und Soziales integrativ betrachtet und mit gleichrangigen Gestaltungs-
zielen belegt werden.

Von wissenschaftlicher Seite muß dieses Bemühen durch die Entwicklung
von Methoden und Vorgehensweisen zur systematischen Analyse und Ver-
besserung des Systems Produktionsbetrieb einschließlich der erforderlichen Dienstleistungsfunktionen unterstützt werden. Die Ingenieure
sind hier gefordert, in enger Zusammenarbeit mit anderen Disziplinen,
z. B. der Informatik, der Wirtschaftswissenschaften und der Arbeitswissenschaft, Lösungen zu erarbeiten, die den veränderten Randbedingungen
Rechnung tragen.

Beispielhaft sei hier an den großen Bereich der Informationsverarbei-
tung im Betrieb erinnert, der von der Angebotserstellung über Konstruktion und Arbeitsvorbereitung, bis hin zur Fertigungssteuerung und Qualitätskontrolle reicht. Beim Materialfluß geht es um die richtige Aus-

wahl und den Einsatz von Fördermitteln sowie Anordnung und Ausstattung
von Lagern. Große Aufmerksamkeit wird in nächster Zukunft auch der
weiteren Automatisierung der Handhabung von Werkstücken und Werkzeu-
gen sowie der Montage von Produkten geschenkt werden.

Von der Forschung muß in diesem Zusammenhang ein Beitrag zum Einsatz
fortschrittlicher intelligenter Computersysteme erfolgen. Planungs-
prozesse müssen durch Softwaresysteme unterstützt und Arbeitsbedingun-
gen wissenschaftlich analysiert und neu gestaltet werden.

Die von den Herausgebern geleiteten Institute, das

- Institut für Industrielle Fertigung und Fabrikbetrieb der Universität
  Stuttgart (IFF),

- Fraunhofer-Institut für Produktionstechnik und Automatisierung (IPA),

- Fraunhofer-Institut für Arbeitswirtschaft und Organisation (IAO)

arbeiten in grundlegender und angewandter Forschung intensiv an den
oben aufgezeigten Entwicklungen mit. Die Ausstattung der Labors und
die Qualifikation der Mitarbeiter haben bereits in der Vergangenheit
zu Forschungsergebnissen geführt, die für die Praxis von großem
Wert waren. Zur Umsetzung gewonnener Erkenntnisse wird die Schriftenreihe "IPA-IAO - Forschung und Praxis" herausgegeben. Der vorliegende
Band setzt diese Reihe fort. Eine Übersicht über bisher erschienene
Titel wird am Schluß dieses Buches gegeben.

Dem Verfasser sei für die geleistete Arbeit gedankt, dem Springer-
Verlag für die Aufnahme dieser Schriftenreihe in seine Angebotspa-
lette und der Druckerei für saubere und zügige Ausführung. Möge das
Buch von der Fachwelt gut aufgenommen werden.

H. J. Warnecke · H.-J. Bullinger

<u>Vorwort</u>

Die Arbeit entstand während meiner Tätigkeit als wissenschaftlicher Mitarbeiter am Fraunhofer-Institut für Produktionstechnik
und Automatisierung (IPA), Stuttgart.

Für die großzügige Unterstützung, Förderung und die zahlreichen
Anregungen zu der vorliegenden Arbeit gilt mein besonderer Dank
dem Leiter des Instituts, Herrn Prof. Dr.-Ing. H.-J. Warnecke.
Er hat hierdurch wesentlich zur erfolgreichen Durchführung beige-
tragen.

Mein Dank gilt auch Herrn Prof. Dr.-Ing. A. Storr für die Über-
nahme des Korreferats und das intensive Interesse an meiner
Arbeit verbunden mit vielen wertvollen Hinweisen.

Aus dem großen Kreis der Kollegen am Institut, die mich durch
ihre Mitarbeit und Anregungen unterstützt haben, möchte ich speziell die Herren Dipl.-Ing. W. Utner, Dr.-Ing. H. Gzik, Dr.-Ing.
M. Schweizer und Prof. Dr.-Ing. R.D. Schraft besonders erwähnen.

Bedanken möchte ich mich für die sorgfältige Arbeit und den
großen Einsatz bei Herrn Dipl.-Ing. (FH) W. Beck und Herrn
Dipl.-Ing. U. Gommel für Ihre Unterstützung bei der Programmierung und bei Herrn Dipl.-Ing. M. Gühring für die grafische Aus-
gestaltung der Arbeit.

Spezieller Dank gebührt meiner Frau und meiner Tochter Nele, die
durch ihre Rücksicht während zahlreicher Arbeitsstunden die Fer-
tigstellung der Arbeit ermöglicht haben.

Stuttgart, im April 1989

                              Andreas Altenhein

Inhaltsverzeichnis

0   **Abkürzungsverzeichnis**

a		Konstante
A_a		äußerer Armteil
a_{B_S}	mm	Abstand B_S zu B_M
A_i		innerer Armteil
A_n		n-te Achse
a_{P_A}	mm	Abstand P_A zu E_B
$a_{P_{AKS}}$	mm	Abstand des Punktes P_{AKS} zu P_{BR}
$a_{P_{IRS}}$	mm	Abstand des Punktes P_{IRS} zu P_{END} senkrecht zur Kollisionsschattenkante
$a_{P_{li}}$	mm	Abstand des Punktes P_{li} zur Bahn P_1-P_2
a_{min}	mm	Mindestabstand des Industrieroboterschattenpunktes P_{IRS} zur Schattenkante
$a_{P_{min}}$	mm	Abstand zwischen P_{min} und Basisachse
$a_{P_{re}}$	mm	Abstand des Punktes P_{re} zur Bahn P_1-P_2
a_{P_Z}	mm	Abstand des Zielframes zur Geraden
$a_{P_{1b}}$	mm	Abstand des Punktes P_{1b} zu P_{KE}
B_M		Bahn um den Momentanpol
B_S		Sollbahnverlauf
b		Konstante
c		Konstante
CP		Bahnbewegung (Continuous Path)
l		Anzahl der Punktes eines Elementteils
l_i	mm	Länge des inneren Arms
l_a	mm	Länge des äußeren Arms
m		Anzahl der Kollisionspunkte im Linienzug
$M_{P_{AKS}}$		Menge der Ausweichpunkte in der Kollisionsschattenebene
Max		Maximum
$\text{Max}(x_{P_K})$	mm	Maximaler x-Wert des Kollisionspunktes
$\text{Max}(y_{P_K})$	mm	Maximaler y-Wert des Kollisionspunktes

Min		Minimum
$\text{Min}(x_{P_K})$	mm	Minimaler x-Wert des Kollisionspunktes
$\text{Min}(y_{P_K})$	mm	Minimaler y-Wert des Kollisionspunktes
k		Anzahl der zu betrachtenden Kollisionselemente
n		Laufzähler
P_A		Ausweichpunkt
P_{AKS}		Ausweichpunkt auf den Kollisionsschatten
P_{AKS_n}		n. Ausweichpunkt auf den Kollisionsschatten
P_{Achs_2}		Punkt auf der Achse 2
P_{Arm}		Armknickpunkt
P_{Arm_1}		Armknickpunkt beim Start der Bewegung
P_{Arm_2}		Armknickpunkt beim Ende der Bewegung
P_B		Basispunkt
P_{BR}		Bahnreferenzpunkt
P_E		Koordinatenpunkt eines Elementes
P_{E_n}		n-ter Elementpunkt
P_{Eb}		Punkt in der Ebene
P_{END}		Endpunkt der kinematischen Kette
P_{Err}		kollisionsfrei erreichter Punkt
P_{IRS}		Punkt des Industrieroboterschattens
P_F		Punkt einer Fläche
P_K		Kollisionspunkt
P_{K_n}		n-ter Kollisionspunkt
P_{KE}		Kollisionsersatzpunkt
P_{KE_n}		n-ter Kollisionsersatzpunkt
P_{KS}		Kollisionsschattenpunkt
P_{KS_n}		n. Kollisionsschattenpunkt
P_{li}		Punkt mit maximalem Abstand zur Bahn P_1-P_2 links
P_M		Mittelpunkt der Kreisbahn
P_{min}		Kollisionsersatzpunkt mit minimalem Abstand zur Basisachse
P_{re}		Punkt mit maximalem Abstand zur Bahn P_1-P_2 rechts
P_S		Standpunkt

P_{Sch}		Volumenschwerpunkt
PTP		Punkt-zu-Punkt-Bewegung (Point-to-Point)
P_Z		Zielpunkt
P_1		Startpunkt einer Bewegung
P_2		Endpunkt einer Bewegung
P_{1a}		Zwischenpunkt zum Überfahren
P_{1b}		Zwischenpunkt zum Umfahren
p		Konstante
q		Konstante
R	mm	Radius des Armersatzzylinders
R_G	mm	Radius des Greifers
R_M	mm	Radius für Momentanbewegung
r_{P_K}	mm	Polarkoordinatenradius für P_K relativ P_B
r_{EB}	mm	Polarkoordinatenradius der Ersatzbahn relativ P_B
t	s	Zeit
T_0		Zeitpunkt 0
T_1		Zeitpunkt 1
T_2		Zeitpunkt 2
T_3		Zeitpunkt 3
T_4		Zeitpunkt 4
TCP		Werkzeugendpunkt (Tool Center Point)
v	mm/s	Geschwindigkeit
v_{A_n}	mm/s	Geschwindigkeit der n-ten Achse
v_B		Geschwindigkeitsvektor der Bahn
v_{BZ}		normalisierter Vektor mit Richtung von P_B auf P_Z
v_{nor_A}		Richtungsvektor der Translationsachse
v_{nor_E}		Normalvektor der Ebene
v_{nor_F}		Normalvektor der Fläche
v_{P_M}		Richtungsvektor der momentanen Drehachse
$v_{1,2}$		normierter Vektor von P_1 nach P_2

x	mm	x-Koordinatenwert
x_{P_B}	mm	x-Koordinate des Basispunktes
x_{P_Z}	mm	x-Koordinate des Zielframes
x_{P_1}	mm	x-Koordinate des Startpunktes
x_{P_2}	mm	x-Koordinate des Endpunktes
y	mm	y-Koordinatenwert
y_{P_B}	mm	y-Koordinate des Basispunktes
y_{P_K}	mm	y-Koordinate des Kollisionspunktes
y_{P_Z}	mm	y-Koordinate des Zielframes
y_{P_1}	mm	y-Koordinate des Startpunktes
y_{P_2}	mm	y-Koordinate des Endpunktes
z	mm	z-Koordinatenwert
z_{P_E}	mm	z-Koordinate des Elementpunktes
$z_{P_{E_n}}$	mm	z-Komponente des n-ten Elementpunktes
z_{P_K}	mm	z-Komponente des Punktes P_K
z_{P_E}	mm	z-Komponente des Punktes P_{KE}
z_{P_Z}	mm	z-Komponente des Zielframes
z_{P_1}	mm	z-Koordinate des Startpunktes
z_{P_2}	mm	z-Koordinate des Endpunktes
z_v	mm	z-Koordinate zum Vergleich
$z_{P_{1a}}$	mm	z-Koordinate des Zwischenpunktes
α_{P_A}	°	Winkel zwischen Vektor von B_S nach P_A und der x/y-Ebene
$\alpha_{P_{AKS}}$	°	Polarkoordinatenwinkel von P_{AKS} relativ zu P_{BR}
α_{P_K}	°	Polarkoordinatenwinkel für P_K
$\alpha_{P_{KE}}$	°	Polarkoordinatenwinkel für P_{KE}
α_{P_Z}	°	Polarkoordinatenwinkel für P_Z

α	°	1. Drehwinkel des lokalen Koordinatensystems
β	°	2. Drehwinkel des lokalen Koordinatensystems
γ	°	3. Drehwinkel des lokalen Koordinatensystems
$\beta_{P_{KE}}$	°	Vertikalwinkel von P_{KE} relativ zu P_B
$\beta_{P_{1a}}$	°	Vertikalwinkel von P_{1a} relativ zu P_B
$\beta_{P_{KSK}}$	°	Vertikalwinkel der Kollisionsschattenkante

1 Einleitung

1.1 Problemstellung

Die Verbreitung von Industrierobotern in der Industrie betrifft in zunehmendem Maße nicht nur die Bereiche der Werkstückhandhabung, des Punktschweißens und Lackierens, sondern auch das Bearbeiten und Bahnschweißen /1/. Parallel dazu ist bei der Kleinserienfertigung ein verstärkter Industrierobotereinsatz zu beobachten.

Da die Investition von Industrierobotern weitgehend nach wirtschaftlichen Auswahlkriterien entschieden wird, kommt der Minimierung von unproduktiven Zeiten eine besondere Bedeutung zu. Neben den störbedingten Zeiten ist in diesem Zusammenhang die Zeit der Programmerstellung zu nennen, ein Aspekt, der bei umfangreichen Industrieroboterprogrammen und bei häufig wechselnden Aufgaben nicht vernachlässigt werden darf. Dies führte dazu, daß an unterschiedlichen Industrieroboterprogrammierverfahren gearbeitet wird. Neben der Verringerung der Rüst- und Stillstandszeiten sind die wesentlichen Vorteile in der frühzeitigen Erkennung von Programmfehlern und in der Optimierung der Bahnen in bezug auf Beschleunigung und Geschwindigkeit zu sehen. Eine weitgehende Unabhängigkeit von der speziellen Erfahrung des Programmierers trägt letztlich zu einem optimalen Ergebnis bei.

Diese Aussagen beziehen sich sowohl auf Industrieroboter als auch auf flexible Handhabungsgeräte, die als eine Kombination aus Industrieroboter und Manipulator oder Teleoperator definiert sind /2/. Insbesondere Teleoperatoren und damit auch durch Kombination entstandene flexible Handhabungsgeräte werden häufig bei Umgebungsbedingungen eingesetzt, welche ein direktes Betreten des Arbeitsraumes durch den Menschen verhindern. Dies bedeutet, daß die Komponente Industrieroboter entweder nur sehr aufwendig und nicht direkt am Gerät zu programmieren ist.

Betrachtet man die Entwicklung der Programmiermethoden, so
zeigt sich ein starkes Anwachsen des Einsatzes von Off-
line-Programmiersystemen. Die Einsetzbarkeit im industriellen
Maßstab hängt zum einen von einer benutzerfreundlichen Bedienoberfläche, zum anderen von den durch das Programmiersystem
zur Verfügung gestellten Möglichkeit ab, die fertigungstechni-
sche Aufgabe zu beschreiben und hieraus ohne weiteren interaktiven Dialog mit dem Benutzer das Industrieroboterprogramm zu
generieren. Dieses wird in Zukunft bei Programmiersystemen im
Bereich des Punkt- und Bahnschweißens der Fall sein.

Zur Überprüfung des generierten Programms ist die Kontrolle der
Bewegung des Industrieroboters notwendig. So ist weitgehend die
Kontrolle auf Überschreitung von Achsgrenzlagen bei der Er-
reichbarkeitsprüfung von Punkten realisiert. Die Erkennung von
Kollisionen zwischen dem Industrieroboter und den im Arbeitsraum vorhandenen Fertigungseinrichtungen wird jedoch nur in
einzelnen Fällen betrachtet. Kaum betrachtet wird eine zur
Vermeidung von Kollisionen notwendige Anpassung des Industrieroboterprogramms.

1.2   Ziele und Vorgehen

Basierend auf diesem Entwicklungsbedarf ist das Ziel der Arbeit der Entwurf und die Realisierung eines Kollisionsbehandlungssystems, bestehend aus Kollisionserkennungs- und
-vermeidungsalgorithmen, für die Planung und Off-line-Programmierung von Industrierobotersystemen. Bedeutende Anforderungen für die Algorithmen sind minimale Rechenzeiten und hohe
Aussagesicherheit. Um beide Anforderungen in Abhängigkeit des
Einsatzes bei der Planung und bei der Off-line-Programmierung
optimal erfüllen zu können, werden zwei Verfahren entwickelt,
die sich zu einem Kollisionsbehandlungssystem zusammenfügen
(Bild 1).

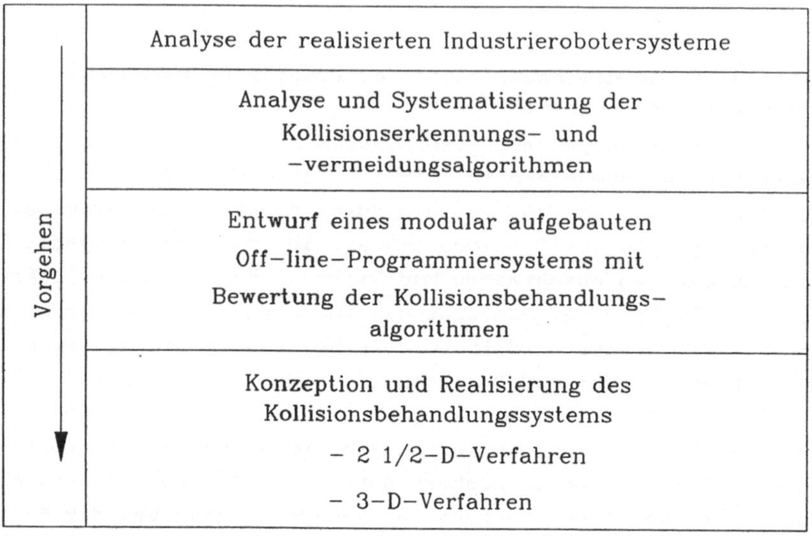

<table>
<tr><td rowspan="4" style="writing-mode: vertical-rl;">Vorgehen</td><td>Analyse der realisierten Industrierobotersysteme</td></tr>
<tr><td>Analyse und Systematisierung der
Kollisionserkennungs- und
-vermeidungsalgorithmen</td></tr>
<tr><td>Entwurf eines modular aufgebauten
Off-line-Programmiersystems mit
Bewertung der Kollisionsbehandlungs-
algorithmen</td></tr>
<tr><td>Konzeption und Realisierung des
Kollisionsbehandlungssystems
- 2 1/2-D-Verfahren
- 3-D-Verfahren</td></tr>
</table>

Bild 1: Vorgehen bei der Entwicklung des Kollisionsbehandlungssystems

Im Rahmen der Arbeit wird zunächst eine Systematik für Kollisionserkennungsalgorithmen erarbeitet und die in der Literatur beschriebenen Algorithmen eingeordnet. Entsprechend wird bei den Kollisionsvermeidungsalgorithmen vorgegangen. Parallel dazu wird eine Untersuchung von Industrierobotersystemen durchgeführt. Damit das zu entwickelnde Kollisionsbehandlungssystem in ein auf dieses Modul abgestimmtes Gesamtkonzept eingebunden werden kann, wird eine Liste von Anforderungen aufgestellt, die die Basis für den Start der Entwicklung des neuen modularen Systems CASOR (Computer aided Simulation and Off-Line-Programming System for Robots) bildet. Ein bedeutender Grundbaustein des hier in seinem Konzept zu erarbeitenden Systems ist das Kollisionsbehandlungssystem. Abschließend werden die beiden realisierten Kollisionsbehandlungsverfahren verglichen und bewertet, woraus Rückschlüsse auf das Antwortzeitverhalten und die Aussagesicherheit gezogen werden.

1.3 Stand der Programmierverfahren

Die gesamte Palette der Programmiermöglichkeiten zeigt sich bei
der Analyse der Programmierverfahren, die im Bereich der Industrieroboter eingesetzt werden. Unter dem Begriff "Programmierverfahren" sind in diesem Zusammenhang die Verfahren zusam-
mengefaßt, die die Bewegung des Gerätes bestimmen. Die Verfahren können nach vier Kriterien unterteilt werden (Bild 2), wobei Mischformen bezüglich der Kriterien Anwendung finden, z. B.
die Kombination aus textueller -Fachbegriff für sprachgestützte
Industrieroboterprogrammierung- und teach-in Programmierung.

Kriterien zur Strukturierung			
Zeitpunkt der Program- mierung	Verwendete Rechner	Komplexität der Basisbefehle	Form der Programmierung
direkt (on-line)	mit Industrie- roboter- steuerung	bewegungs- orientiert (explizit)	teach-in
			play-back
			sensorgestützt
			textuell
			textuell / graphisch interaktiv
indirekt (off-line)	mit anderem Rechner	aufgaben- orientiert (implizit)	textuell
			textuell / graphisch interaktiv

Bild 2: Systematik der Programmierverfahren für Industrieroboter

Die oben angesprochenen Formen der Programmierung sind auf die
Verwendbarkeit für die unterschiedlichen Einsatzbereiche der
Industrieroboter zu untersuchen. Die am weitesten verbreitete
Programmierform ist das <u>Teach-in-Verfahren</u> mit Hilfe eines
Programmierhandgeräts /3/. Das Programmierhandgerät ermöglicht
dem Programmierer angefahrene Punkte abzuspeichern und in eine
Reihenfolge einzufügen. Diese Reihenfolge von Punkten bildet
eine Bewegungssequenz. Durch Funktionstasten können Wiederho-
lungen, Sprünge sowie Bedingungen den Bewegungssequenzen hinzugefügt werden. Dies ermöglicht, die Bewegungen des Industrieroboters und der Peripherieelemente zu steuern. Für die Bewegung stehen bei Geräten, die eine Bahn abfahren können, zum
Teil noch Zusatzinformationen wie Linear- oder Kreisinterpola-
tion zur Verfügung.

Für den Anwendungsbereich Lackieren ist heute häufig die Me-
thode des <u>Play-back-Verfahrens</u> üblich. Dies geschieht durch
manuelles Bewegen des Industrieroboterarmes direkt oder eines,
in der Kinematik dem Zielsystem entsprechenden, Programmierge-
stelles mit zeitparallelem Erfassen der Achsstellungen in konstanten Zeit- oder Wegintervallen.

Eine weitere Variante zur Vereinfachung der Programmierung sind
<u>sensorgeführte Verfahren</u>. Diese Verfahren benutzen Sensoren, um
entlang einer Kante, einer Fläche oder nach Algorithmen, In-
dustrieroboterbewegungen zu generieren /4, 5, 6/.

Die <u>textuelle Programmierung</u> ermöglicht dem Benutzer, Informationen für den Industrieroboter in sprachlich verständlicher
Form zu erstellen und diese zu modifizieren. Zahlreiche Vor-
schläge und Realisierungen textueller Programmierung wurden
gemacht /7/ und basieren meist auf höheren Programmiersprachen
wie Algol, PL/I oder Pascal /8/. Die Sprachen, meist von In-
dustrieroboterherstellern entworfen, weisen große Unterschiede
bezüglich des Befehlsumfanges auf. Notwendigkeit für die ef-
fektive textuelle Programmierung ist das Einbinden von alpha-
numerisch eingegebenen Punkten und von im Teach-in-Verfahren

ermittelten Punkten. Die <u>textuell/graphisch interaktiven Pro-</u>
<u>grammierverfahren</u> ermöglichen zusätzlich als Kontrolle und zur
besseren Verständlichkeit eine graphische Darstellung des Industrieroboters /9,10/.

Neben der textuellen und textuell/graphisch interaktiven
Beschreibung der Bewegungssequenz kann auch die Beschreibung
der Aufgabe die vom Industrieroboter abzuarbeitende Bewegungssequenz bestimmen. Es ist möglich, die Beschreibung ausschließlich textuell oder mit graphisch interaktiver Unterstützung
durchzuführen. Die Aufgabe in Kombination mit der rechnerin-
ternen Darstellung des Industrieroboters und der zugehörigen
Peripherie ermöglicht, ein Ablaufprogramm ohne weiteren interaktiven Dialog zu generieren. Bei dieser Programmierart ist
eine optische Überprüfung des generierten Programmes unbedingt
notwendig. Zielcode der generierten Programme ist meist eine
textuelle Beschreibung, so daß - analog zur textuellen Programmerstellung - manuell eingegriffen werden kann.

1.4 Off-line-Programmierverfahren

Off-line-Programmierverfahren werden definiert als Verfahren,
die während des Programmierens ein Arbeiten des Zielsystems ermöglichen. Dabei ist eine örtliche Trennung von Programmier-
platz und Zielsystem nicht unbedingt erforderlich. Es existie-
ren neuere Industrierobotersteuerungen mit einem Mehrbenutzer-
betriebssystem, welches mindestens einen Programmierprozeß und
einen Steuerungsprozeß verwalten kann. Somit ist das Editieren
eines textuellen Industrieroboterprogrammes parallel zum Arbeiten des Industrieroboters als Off-line-Programmierung einzu-
ordnen.

Im folgenden sollen jedoch unter Off-line-Programmiersystem
nur die Systeme verstanden werden, bei denen der Programmcode
nicht oder nicht ausschließlich vom Benutzer editiert wird, der
Industrieroboter und die Peripherie als geometrisches und ki-

nematisches Modell hinterlegt ist und eine Simulation des generierten Programms möglich ist. Diese Off-line-Programmiersysteme werden bis heute im wesentlichen für Planungen einfacher Werkstückhandhabungsaufgaben herangezogen, bei denen die geometrischen Informationen der Industrieroboterprogrammierung im Vordergrund stehen. Es werden aus den CAD-Daten Positionen entnommen, die im allgemeinen als Frame beschrieben werden. Die Komponenten eines Frames sind zum einen die Koordinaten im kartesischen Weltkoordinatensystem (x, y, z), zum anderen die drei Orientierungswinkel (α, β, γ), z. B. in der Definition nach Euler oder in Kardanwinkeln /11/. Die aus den CAD-Daten gewonnenen Frames werden anschließend im Rahmen eines Dialogs in die anzufahrende Reihenfolge gebracht und zu einem Programm zusammengesetzt.

Eine weitere Stufe in Richtung auf die aufgabenorientierte Programmierung sind Systeme, die die Beschreibung der auszuführenden Tätigkeit als Basis verwenden. Große Probleme bereitet bei diesen Systemen das Einhalten der notwendigen Genauigkeiten. Durch verschiedene Einflüsse, wie Modellabbildungsgenauigkeit, treten Abweichungen beim Erreichen der Positionen auf. Um dieses Problem in den Griff zu bekommen, bieten sich unterschiedliche Möglichkeiten an /12, 13, 14/. Dieses Problem ist nach heutigen Erkenntnissen nur für Spezialfälle lösbar /15, 16/.

Durch die weitgehende Loslösung des Programmierers von der Programmierung der Bewegung des Industrieroboters ist es besonders wichtig, die generierten Bewegungsprogramme auf Kollisionen zu überprüfen.

Einsatzvoraussetzungen und Entwicklungsstand von Kollisionserkennungs- und Kollisionsvermeidungsalgorithmen

2.1 Kollisionsmöglichkeiten in einem Industrierobotersystem

Ein Industrierobotersystem setzt sich aus folgenden Komponenten zusammen (Bild 3):

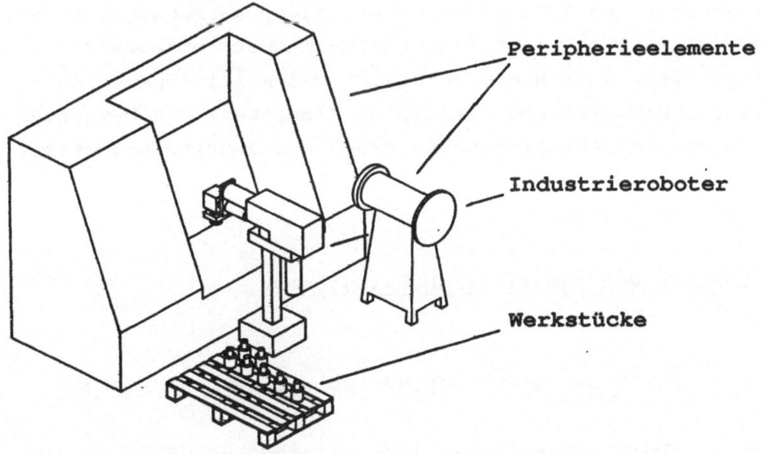

Bild 3: Komponenten eines Industrierobotersystems

Das dieser Arbeit zugrundeliegende Modell des Industrieroboters besteht aus Körpern, die die kinematische Kette bilden und, wenn vorhanden, einem mit dem letzten Achskörper fest verbundenen Greifer oder Werkzeug.

Die Peripherieelemente sind Körper, die um den Industrieroboter herum ortsfest angeordnet sind. Diese können im speziellen Maschinen, Magazine, Puffer oder Zuführeinrichtungen sein.

Eine Sonderstellung nimmt die Komponente Werkstück ein. Ist ein Werkstück ortsfest, so entspricht es einem Peripherieelement. Ist das Werkstück vom Greifer des Industrieroboters gegriffen, so wird es für diese Zeit auch Bestandteil des Industrieroboters. Hiermit ist das Werkstück zeitweise ortsfest, zu bestimmten Zeiten jedoch im Raum bewegt.

Kollisionen sind grundsätzlich zwischen den bewegten Elementen untereinander oder bewegten und ortsfesten Elementen möglich. Da aufgrund des kinematischen Aufbaus und der Auslegung der Achsbegrenzungen des Industrieroboters davon ausgegangen werden kann, daß Kollisionen von Elementen des Industrieroboters untereinander nicht auftreten, verbleibt die Kollisionsmöglichkeit zwischen bewegten und ortsfesten Elementen. Die bewegten Elemente sind grundsätzlich Bestandteil des Industrieroboters, womit deren Bewegung durch die Kinematik bestimmt wird.

2.2 Analyse von Industrierobotersystemen

2.2.1 Gesamtheit der untersuchten Industrierobotersysteme

Im Rahmen des Beratungszentrums Industrieroboter (BZI) wurden insgesamt 110 realisierte Industrierobotersysteme in der deutschen Industrie analysiert /17/. Der am häufigsten genannte Grund für die Investitionsentscheidung war mit 30 % die Rationalisierung der Fertigung, gefolgt von dem Ziel der Qualitätsverbesserung mit 21 % der Nennungen. In mehr als 50 % der Systeme kommt nur ein Industrieroboter zum Einsatz. Sind mehrere Geräte innerhalb eines Gesamtsystems installiert, so ist im allgemeinen eine Aufteilung in Teilsysteme mit je einem Industrieroboter möglich, da der Fall eines Ineinandergreifens von Arbeitsräumen mehrerer Industrieroboter kaum eintritt.

2.2.2   Verteilung der Kinematiktypen

Die Verteilung der eingesetzten Industrieroboter läßt erkennen, daß mehr als 95 % der Geräte in sechs Hauptkinematikgrup-
pen einzugliedern sind (Bild 4).

Eine vergleichbare Verteilung ergibt sich für die Kinematikar-
tenverteilung der auf dem deutschen Markt angebotenen Indu-
strierobotertypen. Eine wesentliche Änderung dieser Situation
wird in naher Zukunft nicht erwartet.

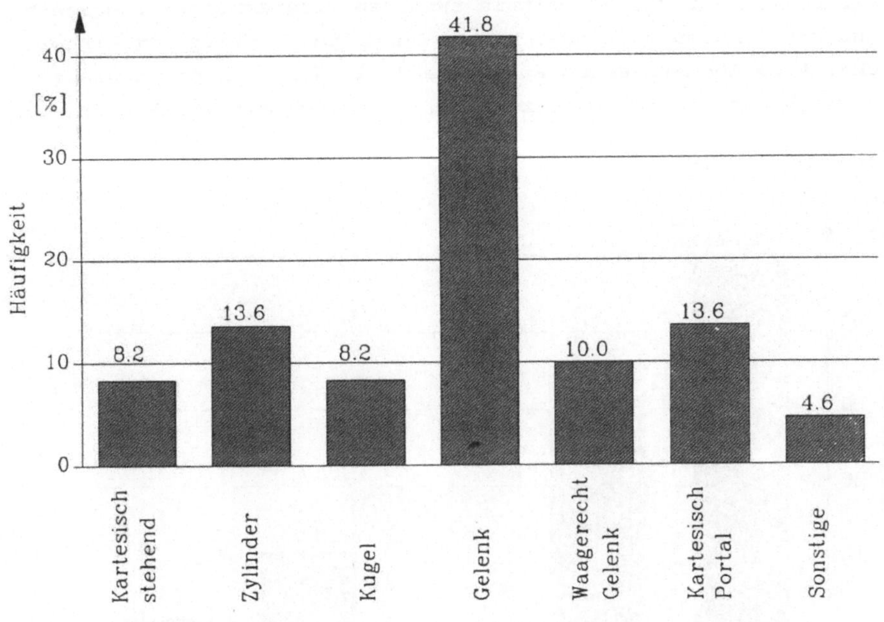

Bild 4: Aufteilung der Industrieroboter nach der Kinematik
der Hauptachsen

2.2.3 Methoden und Vorgehen bei der Industrieroboter-Programmerstellung

Die Programmierung von Industrierobotern geschieht überwiegend durch interne Abteilungen der jeweiligen Firmen. Die Verfahren, nach denen heute vorwiegend programmiert wird, sind das Teach-in-Verfahren und die textuelle Programmierung (Bild 5). Die Programmerstellung mit einem von der Steuerung getrennten Rechner wurde in keinem Fall durchgeführt.

Der hohe Anteil an teach-in und textueller Programmierung wirkt sich auf das Verhältnis zwischen Programmerstellungszeit und Programmlaufzeit aus. Dieses Verhältnis beträgt im Mittel über alle Industrierobotersysteme 94:1. Wird nur der Einsatzbereich Bahnschweißen betrachtet, so steigt das Verhältnis sogar auf 183:1. Durch diese Kenngröße ist der wirtschaftliche

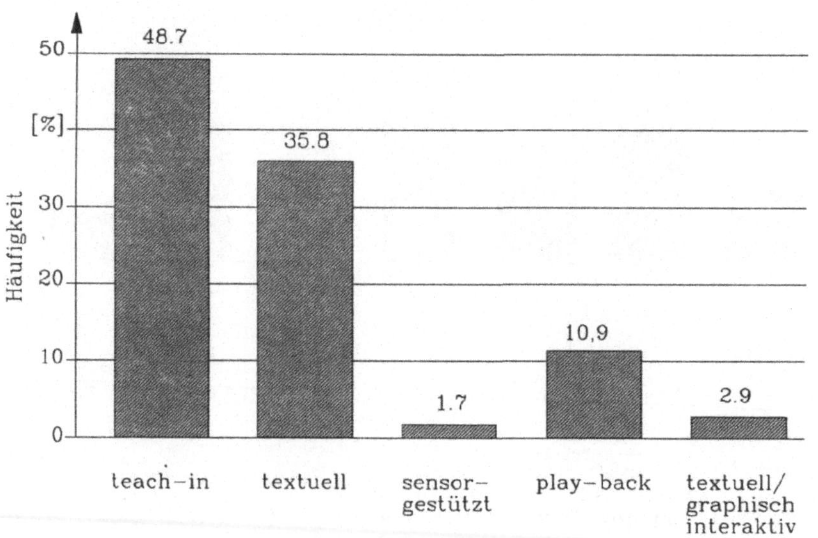

Bild 5: Anwendung der Industrieroboter-Programmierverfahren

Einsatz von Industrierobotern in der Kleinserienfertigung ausgeschlossen. Aufgrund der Komplexität der Werkstücke fordern
insbesondere Industrieroboteranwender aus dem Bereich des Bahn-
und Punktschweißens, Beschichtens und Entgratens (59 % der angesprochenen Anwender) Off-line-Programmierverfahren mit automatischen Kollisionserkennungs und -vermeidungsalgorithmen.

2.3 Analyse und Einordnung von Kollisionerkennungs- und -vermeidungsalgorithmen

2.3.1 Systematisierung der Algorithmen

Bei den Kollisionserkennungs- und -vermeidungsverfahren ist
grundsätzlich zwischen optisch/graphischen und analytischen
Verfahren zu unterscheiden /18/. Wie bereits Stark /19/ fest-
stellen, ist für die Kollisionserkennung bei Bewegungen von
Industrieroboterarmen im Raum das optisch-graphische Verfahren
nicht geeignet. Deshalb verbleiben für die Erkennung von Kollisionen bei der Planung von Industrierobotersystemen und bei
der Off-line-Programmierung von Industrierobotern analytische
Verfahren.

Die grundlegende Gliederung der Verfahren beruht auf der geometrischen Beschreibung der auf Kollision zu untersuchenden
Körper (Bild 6).

Diese Körper können 2-dimensional, 2 1/2-dimensional oder 3-
dimensional beschrieben werden. Während es sich bei der 2-
und 2 1/2-dimensionalen Beschreibung ausschließlich um Kan-
tenmodelle handelt, ist bei der 3-dimensionalen Beschreibung
nach den folgenden Geometriemodellen zu unterscheiden:

- Kantenmodell,
- Flächenmodell und
- Volumenmodell.

Bei der Verwendung von Volumenmodellen kann zusätzlich nach
der Abbildungsgenauigkeit systematisiert werden. So können
Körper durch Basisbausteine (Quader und Zylinder), durch Hüllkörper (bestehend aus ebenen Flächen, aus zylindrischen Flächen
oder einfachen Volumenelementen) oder durch komplexe Volumen
beschreiben werden.

Bei den auf 2-dimensionaler Beschreibung beruhenden Algorithmen
kann unterschieden werden in Algorithmen mit statischen oder
zeitunabhängigen Sperrbereichen und in solche mit von der Zeit
abhängigen Sperrbereichen. Diese zeitabhängigen Sperrbereiche
werden zur Beschreibung bewegter Körper in Arbeitsräumen eingesetzt.

Eine Beschreibung der Körper in 2 1/2 Dimensionen bedeutet,
daß ein Linienzug parallel zur z-Achse des Raumkoordinaten-
systems verschoben wird. Algorithmen, die mit dieser Beschrei-
bungsform arbeiten, überführen die 2 1/2-D-Beschreibung mit
Hilfe von Transformationsvorschriften in eine 2-D-Beschrei-
bung. Diese Transformationsvorschriften sind drei Gruppen zuzu-
ordnen. Zum einen wird ein konstanter Mindestschwellwert in z-
Richtung basierend auf der geometrischen Ausprägung des Industrierobotersystems gewählt. Überschreitet ein Körper diesen
Schwellwert, wird er als kollisionsgefährdet erkannt und in der
anschließenden Untersuchung auf Kollision überprüft.

Zum anderen wird die Transformationsvorschrift in Abhängigkeit
von der Bahn ermittelt, die der Industrieroboter mit seinem
Greifpunkt ausführt. Zu dieser Bahnabhängigkeit kann zusätzlich
noch der Kinematiktyp des Industrieroboters Einfluß auf die
Transformationsvorschrift haben. Nach der Überführung in die
2-D-Beschreibung können zeitunabhängige und zeitabhängige
Sperrzonen verwendet werden.

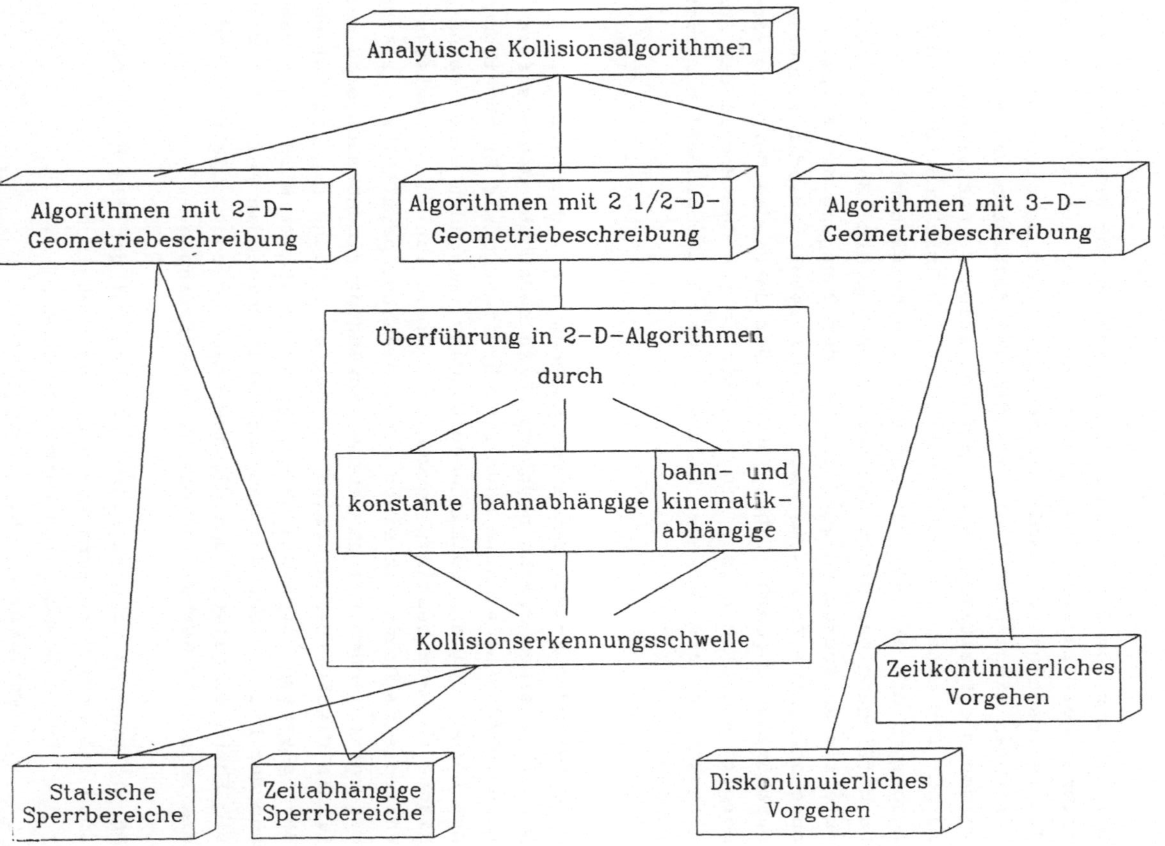

Bild 6: Systematik der analytischen Kollisionserkennungs-
algorithmen

Bei Einsatz von 3-D-Beschreibungen kommen für Kollisionsalgorithmen nur Flächen- und Volumenmodelle zur Anwendung. Für die Kollisionserkennung werden zeitdiskrete und zeitkontinuierliche Verfahren eingesetzt /18/. Bei den zeitdiskreten Verfahren werden die Positionen aller auf Kollision zu untersuchenden Körper für einen Zeitpunkt ermittelt. Im Anschluß werden die Körper in die aktuell gültige Position transformiert und auf Durchdringung und damit auf Kollision geprüft. Bei zeitkontinuierlichen Verfahren wird der bei der Bewegung der Körper durchstrichene Raum ermittelt und die resultierenden Körper auf Durchdringung geprüft. Der Körper, der durch die Bewegung eines Körpers entstanden ist, kann unabhängig von dem Modell des Ausgangskörpers als Kanten-, Flächen- oder Volumenmodell generiert werden.

Bei allen Kollisionsvermeidungsstrategien werden die neu zu generierenden Punkte der Bewegungsbahn des Industrieroboters mit Hilfe einer Fläche bestimmt. Dies bedeutet, daß - sofern eine 2-1/2-dimensionale oder eine 3-dimensionale Beschreibung der Körper bei der Kollisionserkennung verwendet wird - eine Fläche im Raum bestimmt werden muß. Diese ist in den meisten Fällen eine Ebene mit einem Normalenvektor parallel zur z-Achse des kartesischen Bezugssystems. Anwendung findet auch eine vertikale Fläche, deren Verlauf in der x-/y-Ebene des kartesischen Bezugssystems durch die Bewegungsbahn bestimmt wird. In einem aus dem Bereich der Werkzeugmaschinen kommenden Fall /20/ wird die Ebene so gelegt, daß die momentane Bewegungsrichtung und die Achse des Werkzeuges die Ebene aufspannen.

Da die zu ermittelnden Ausweichpunkte auf der Fläche liegen, sind folgende vier Korrekturrichtungen möglich:

- horizontal zur Bahn verschoben,
- vertikal zur Bahn verschoben,
- in Richtung und senkrecht zur Werkzeugachse verschoben oder
- frei auf der Fläche.

Um die Lage der Ausweichpunkte festzulegen, kommen die folgenden Verfahren zur Anwendung:

- iteratives Verändern der Bewegungsbahn, bis sich
  Kollisionsfreiheit ergibt,
- festlegen der Punkte bezüglich der Kollisionskörper
  und
- Bestimmen von Sperrbereichen.

2.3.2   Entwicklungsstand der Verfahren

Insgesamt wurden 16 Kollisionserkennungsverfahren veröffentlicht, die für die Kollisionserkennung bei Industrierobotersystemen Bedeutung haben.

Diese Verfahren basieren auf recht unterschiedlichen Voraussetzungen und Anwendungsgebieten. Sie werden bei der Off-line-Programmierung oder der On-line-Kontrolle von Werkzeugmaschinen und Industrierobotern eingesetzt. Für das Erkennen von Kollisionen sind die folgenden Verfahren zu berücksichtigen:

- Bildung einer Fläche um die bewegte Achse: Es werden die
  Endpunkte der kinematischen Kette für verschiedene Zwischenstellungen ermittelt und zu einem Linienzug verbunden. Die Linienzüge bilden die Begrenzungen der Fläche,
  die von der Achse des Industrieroboters überstrichen
  wird. Die Fläche wird auf Kollision mit den anderen
  2-dimensional dargestellten Elementen überprüft /21/.

- Bildung eines Kreises oder Rechtecks um den Bewegungspunkt: Dieses Vorgehen wurde entwickelt für die Kollisionserkennung bei Fahrzeugen, die zwischen Hindernissen
  fahren. Es wird die Bahn bestimmt, anschließend ein Kreis
  oder Rechteck um den Punkt auf der Bahn generiert und
  diese Form auf Überschneidung mit den Hindernissen geprüft /22/.

- Festlegung von <u>Sperrbereichen für Gelenke:</u> Ziel dieses
  für Industrieroboter verwendeten Vorgehens ist es, alle
  Positionen für die Gelenke zu ermitteln, bei denen es zu
  Kollisionen mit im Arbeitsraum befindlichen Peripherieelementen kommt. Hierbei ergeben sich Sperrbereiche, die
  vom Industrieroboter nicht angefahren werden dürfen /23/.

- Verwendung eines <u>bewegten Teils mit konkreten Konturen:</u>
  Bei diesem für Drehmaschinen entwickelten Vorgehen wird
  die 2-dimensional dargestellte Kontur des Werkzeug-
  schlittens mit Werkzeug einschließlich der bei der Bewegung überstrichenen Fläche auf Kollision mit dem Werkstück überprüft /24/.

- Festlegung <u>dynamischer Sperrbereiche im Raum:</u> Es werden
  in Abhängigkeit von der aktuellen Position der Hindernisse im Arbeitsraum eines Industrieroboters Sperrbereiche so ermittelt, daß ein Anfahren eines Punktes innerhalb eines Sperrbereiches zu Kollision zwischen Industrieroboter und Peripherie führt /25/.

- Kollisionsermittlung durch ein <u>bewegtes Teil mit Kontur:</u>
  Der Industrieroboter wird durch die groben Umrisse seiner
  Achsen ersetzt. Mit Hilfe der Umrisse kann nun die bei
  einer Bewegung überstrichene Fläche bestimmt werden.
  Durch Überschneidung der Fläche mit den Peripherieele-
  menten wird auf Kollision geschlossen /26/.

- Verwendung eines <u>Mindestabstandes zum Kollisionskörper:</u>
  In 2-dimensionaler Darstellung werden Kollisionskörper
  gebildet. Die Bahn des Industrieroboters darf einen
  festgelegten Mindestabstand zum Kollisionskörper nicht
  unterschreiten. Tritt der Fall ein, so wird auf Kollision
  erkannt /27/.

- <u>Durchdringung von Hüllflächen der Körper:</u> Um die 3-dimensional beschriebenen Körper werden ebene Hüllflächen angeordnet. Stößt die Bahn des Industrieroboters durch eine dieser Hüllflächen, so wird auf Kollision erkannt /28/.

- <u>Durchdringung der Körper:</u> Der Industrieroboter und die Peripherieelemente sind 3-dimensional unter Verwendung eines CAD-Systems beschrieben. Die aktuelle Situation wird durch Schieben und Drehen der Körper simuliert. Die im CAD-System vorhandenen Durchdringungsalgorithmen werden nun verwendet, um Kollisionen zu erkennen /20, 29, 31, 32/.

- <u>Durchdringung einfacher Körper:</u> Die 3-dimensionalen Beschreibungen werden beschränkt auf die Verwendung des Quaders als Basiselement. Ansonsten entspricht dieses Vorgehen dem voran beschriebenen /30/.

- <u>Durchdringung von Körpern mit dem Hüllkörper der Werkzeugspur:</u> Das bei einer Bewegung überstrichene Volumen eines durch einen Quader beschriebenen Werkzeuges wird bestimmt und anschließend mit einem quaderförmigen Hüllkörper umschrieben. Dieser Körper wird auf Durchdringung mit anderen Elementen überprüft /18/.

- <u>Durchdringung von durch Distanzfelder beschriebenen Körpern:</u> Die Körper werden mit Hilfe von Distanzfelder 3-dimensional beschrieben. Kennzeichnend für eine Kollision ist der kürzeste Abstand zwischen zwei Körpern. Ergibt sich dieser als negativ, liegt Kollision vor /33/.

- <u>Durchdringung von Körpern mit Hilfe von Analyseebenen:</u> Durch die 3-dimensionale Beschreibung der Körper werden Ebenen gelegt. Hierdurch ergeben sich auf den Flächen die Bereiche, die innerhalb der Körper liegen. Überschneiden sich zwei Bereiche, so durchdringen sich die zugehörigen Körper und die Kollision wird erkannt /34/.

Bild 7 zeigt die Zuordnung zu der in Kap. 2.3.1 dargestellten
Systematik.

Darstellung der Körper	Typ der Sperrbereiche	Grundlage für das Vorgehen bei der Kollisionserkennung
2-D	statisch	Fläche um die bewegte Achse /21/ Kreis oder Rechteck um den Bewegungspunkt /22/ Sperrbereiche für Gelenke /23/
	zeitabhängig	Bewegtes Teil mit konkreten Konturen /24/

Bild 7a: Einordnung der Grundlagen für die Kollisionserkennung
in die Systematik (Verfahren mit 2-D-Geometrie-
beschreibung)

Darstellung der Körper	Art der Kollisions- erkennungsschwelle	Typ der Sperrbereiche	Grundlage des Vorgehens bei der Kollisionserkennung
2 1/2-D	konstant	statisch	———
		zeitabhängig	Dynamische Sperrbereiche im Raum /25/
	bahnabhängig	statisch	Bewegtes Teil mit Kontur /26/ Mindestabstand zum Kollisionskörper /27/
		zeitabhängig	———
	bahnabhängig und abhängig vom Kinematiktyp	statisch	———
		zeitabhängig	———

Bild 7b: Einordnung der Grundlagen für die Kollisionserkennung
in die Systematik (Verfahren mit 2 1/2-D-Geometrie-
beschreibung)

Darstellung der Körper	Typ der Bewegungssimulation	Grundlage des Vorgehens bei der Kollisionserkennung
3-D	zeitkontinuierlich	Durchdringung von Hüllflächen der Körper /28/ Durchdringung der Körper /20/ Durchdringung von Körpern mit dem Hüllkörper der Werkzeugspur /18/
	diskontinuierlich	Durchdringung der Körper /29/ Durchdringung einfacher Körper /30/ Durchdringung der Körper /31/ Durchdringung der Körper /32/ Durchdringung von durch Distanzfelder beschriebene Körper /33/ Durchdringung der Körper mit Hilfe von Analyseebenen /34/

Bild 7c: Einordnung der Grundlagen für die Kollisionserkennung in die Systematik (Verfahren mit 3-D-Geometrie-beschreibung)

Ein Algorithmus zur Kollisionsvermeidung ist bei 8 der 16 Erkennungsverfahren nachgeschaltet. Die folgenden Verfahren sind beschrieben:

- **Iteration entlang des Hindernisses:** Der Endpunkt der kinematischen Kette des Industrieroboters wird in der Ebene schrittweise an der Kollisionskante entlang geführt. Die Zusammenfassung der kollisionsfreien Positionen bildet die neue Bahn /21/.

- Ermittlung der kollisionsfreien **Positionen relativ zu allen Eckpunkten des Hindernisses mit Optimierung:** Zuerst wird für jeden Eckpunkt jedes Hindernisses eine möglichst nahe kollisionsfreie Position ermittelt. Durch eine Wegoptimierung wird die kürzeste Bahn vom Start- zum Endpunkt bestimmt /22/.

- Festlegung der kollisionsfreien <u>Positionen relativ zu
  Eckpunkten des Hindernisses:</u> Durch die Bildung von vereinfachten Kollisionskörpern werden die für die Bahnge-
  nerierung bedeutenden Eckpunkte ermittelt. Im Anschluß
  werden wie oben kollisionsfreie Positionen ermittelt und
  zu einer Bahn zusammengesetzt /27/.

- Verwendung von <u>dynamischen räumlichen Sperrbereichen:</u> Es
  werden im Raum zeitabhängige Sperrbereiche gebildet.
  Fährt ein Industrieroboter einen im Sperrbereich liegende
  Position an, so tritt Kollision auf. Zur Kollisionsvermeidung wird die Position an der Kante der Sperrbereiche
  entlang geführt, wodurch sich die neue Bahn ergibt /25/.

- Verwendung von <u>Sperrbereichen für die Achsstellungen des
  Industrieroboters:</u> Entsprechend der räumlich beschriebenen Sperrbereiche ist es möglich solche Bereiche für die
  Achsstellungen zu bestimmen. Das sonstige Vorgehen entspricht dem bei räumlich beschriebenen Sperrbereichen
  /23/.

- Kollisionsvermeidung durch <u>Iteration und Versuch:</u> Nach
  dem Erkennen von Kollision wird die Bahn horizontal und
  vertikal bis zu den durch die Kinematik des Industrieroboters gegebenen Grenzen verschoben. Die erste gefundene
  kollisionsfreie Bahn wird festgehalten /26/.

- Ermittlung eines <u>Zwischenpunktes in der Mitte über dem
  Hindernis:</u> Über dem erkannten Hindernis wird ein kolli-
  sionsfrei anzufahrender neuer Punkt gewählt und zwischen
  Start- und Endpunkt eingesetzt. Tritt bei einer der ent-
  standenen Teilwege noch einmal Kollision auf, so wird der
  Zwischenpunkt weiter nach oben verlegt, bis die gesamte
  Bahn kollisionsfrei ist /30/.

- Ermittlung des <u>kollisionsfreien Punktes in Abhängigkeit zum Kollisionsvolumen:</u> Bei diesem Verfahren wird ein Schnittvolumen zwischen dem Hindernis und dem sich durch die Bewegung ergebenden Werkzeughüllvolumens gebildet. Die Ausweichbewegung wird nun basierend auf der Ausdehnung dieses Schnittvolumens bestimmt /20/.

Bild 8 zeigt die Einordnung dieser Verfahren hinsichtlich der Korrekturrichtung des Ausweichpunktes.

Korrekturrichtung des Ausweichpunktes	Grundlage des Vorgehens bei der Kollisionsvermeidung
horizontal zur Bahn verschoben	Iteration entlang des Hindernisses /21/ Position relativ zu allen Eckpunkten des Hindernisses mit Optimierung /22/ Position relativ zu Eckpunkten des Hindernisses /27/ Dynamische räumliche Sperrbereiche /25/ Sperrbereiche für die Achsstellungen des Industrieroboters /23/
horizontal und vertikal zur Bahn verschoben	Iteration und Versuch /26/
vertikal zur Bahn verschoben	Zwischenpunkt in der Mitte über dem Hindernis /30/
in Richtung der Werkzeugachse verschoben	Ermittlung in Abhängigkeit zum Kollisionsvolumen /20/
frei im Raum	———

Bild 8: Einordnung der Grundlage für die Kollisionsvermeidung
in die Systematik

Eine Bewertung der Kollisionserkennungs- und -vermeidungsverfahren erfolgt in Kap. 3.4.1.2 und Kap. 3.4.2.2.

2.4 Entwicklungsstand der Off-line-Programmiersysteme für Industrieroboter

Die ersten Ansätze der Off-line-Programmierung liegen ca. 10 Jahre zurück. Damals machte die Firma Mc Auto, St. Louis, USA, als Tochter der Mc Donnell Douglas Automation Company erste Tests mit der Simulation von Bewegungen geometrischer Körper mit Hilfe eines CAD-Systems.

Mit diesen Simulationsprogrammen konnten in der Planungsphase durch Tests und Simulationen Fehler aufgedeckt werden, die sonst erst zum Zeitpunkt des Aufbaus der Anlage aufgetreten wären und deren Beseitigung hohe Kosten verursacht hätte. Zusätzlich wurden die Fertigungszellen in einer bisher nicht bekannten Gründlichkeit bezüglich der Zykluszeiten optimiert. Neben der Kalkulation von Bewegungszeiten des Industrieroboters, war es möglich, optimale Layoutvarianten unter Einbeziehung der Zellenausbringung zu bestimmen /25/.

Die Abbildungsgenauigkeit des Simulationssystems zu ermitteln und zu erhöhen, ist eine weitere Aufgabe. Es ergaben sich erhebliche Differenzen zwischen den Soll- und Istpositionen im statischen und speziell im dynamischen Zustand /14/. Die Ursache liegt in den erheblichen Unterschieden zwischen Simulationsmodell und Steuerungsalgorithmus, Beschleunigungsverhalten und der mechanischen Nachgiebigkeit.

Für die allgemeine Planung und Programmierung von Industrierobotern sind derzeit das Place-System von Mc Donnell Douglas /35, 36, 37/, der CATIA-Simulationsmodul von IBM /38, 39, 40/, das Grasp-System der Firma BYG /29/ und ROBCAD von Fa. Tecnomatix /31/ im industriellen Einsatz und von Bedeutung. Um einen Eindruck über den heutigen Stand dieser Systeme zu geben, zeigt Bild 9 eine Bewertung bezüglich der Anforderungen.

Kriterien	Anforderung	Place	CATIA	Grasp	Robcad
Bedienoberfläche	Fenster/ Konfiguration	○	◐	●	◐
Befehlsgruppen	klare Gruppen	◐	◐	●	●
Kinematikmodell	mit Korrektur- werten	●	○	○	◐
Generator für Industrieroboter- programme	Textuelle Programmierung	●	○	●	●
automatische Modelljustage	notwendig	◐	○	○	○
automatische Kollisionserkennung	notwendig	◐	○	◐	◐
automatische Kollisionsvermeidung	notwendig	○	○	○	○
Bewegungssimulation	3-D-Echtzeit	●	●	●	●
Einbindung technologieorientierter Algorithmen	notwendig	○	◐	◐	◐
Interface zu verschiedenen CAD – Systemen	wünschenswert	◐	◐	●	●

● vollständig entsprechend der Anforderungen realisiert   ◐ teilweise entsprechend der Anforderungen realisiert   ○ nicht realisiert

Bild 9: Vergleich der vier Off-line-Programmiersysteme für Industrieroboter

3.   Anforderungsprofil eines modularen Off-
        line-Programmiersystems

3.1   Dialogform und Dialogebenen

Die Form des interaktiven Dialogs sollte in der, dem Stand
der Technik entsprechenden, Fenstertechnik ausgeführt sein,
womit eine weitgehende Loslösung von der Tastatur erreicht
wird. Weiterhin ist es möglich, den Benutzer durch Bildung
von Befehlsgruppen und -ebenen gezielt zu führen.

Die Befehlsgruppen sollten den Ablauf, der bei einer Planung
oder Programmierung durchlaufen wird, widerspiegeln. Insgesamt
werden mindestens vier Gruppen benötigt:

        - Industrieroboterzellen generieren,
        - Bewegungssequenz des Industrieroboters bestimmen,
        - Simulation des Ablaufes,
        - Industrieroboterprogramm generieren.

Das Ansprechen der einzelnen Gruppen und ihrer Untergruppen muß
durch eine Plausibilitätskontrolle überwacht werden. Alphanu-
merisch dürfen ausschließlich Namen von Programmen oder externe
Files, Namen von Punkten und numerische Werte eingegeben werden.

Bei der Verwendung eines Off-line-Programmiersystems als modularen Kern ist bei der Reihenfolge der Eingaben auch die Unterstützung durch technologieorientierte Module zu berücksichtigen. Hierdurch verändert sich die Reihenfolge und der Infor-
mationsinhalt in Abhängigkeit von der verwendeten Technologie.
Daher ist zu fordern, daß die Gestaltung der Bedienoberfläche
einfach modifziert werden kann.

3.2 Abbildung der Kinematik des Industrieroboters

Das analytische Modell eines Industrieroboters hat verschiedene
Genauigkeitsanforderungen zu erfüllen. Während bei der Planung
die Modifikation der Industrieroboterzelle mit Ergebnissen über
Zykluszeiten, Taktabstimmung sowie eine grobe Ablaufprogrammie-
rung im Vordergrund stehen, ist für die Off-line-Programmierung die Generierung von exakten Programmen für realisierte
Zellen Hauptpunkt.

Um die geforderte Genauigkeit zu erreichen, muß bei dem Entwurf
eines Kinematikmodells für die Off-line-Programmierung sehr
viel mehr Gewicht auf die Anpaßbarkeit an das realisierte System gelegt werden. Hierfür müssen Korrekturparameter hinsichtlich Geometrie und hinsichtlich Dynamik vorgesehen werden.

Eine weitere Möglichkeit, um Steuerung und Modellreaktion zur
Übereinstimmung zu bekommen ist die Lösung des Systems
IRPASS /41/ der Fa. Nokia, Helsinki. Die Steuerung des Industrieroboters, heute ausschließlich die Unimationsteuerung,
wird als Kinematikteil des Programmiersystems verwendet.

Neben der Abbildungsgenauigkeit, die eingestellt werden muß,
ist von Interesse, wieviele kinematische Kombinationen von einem Modell nachgebildet werden sollen. Aufgrund der in Kap.
2.2.2 dargelegten Verteilung der Kinematiktypen ist es sinnvoll, das Modell auf die sechs Haupttypen zu konzentrieren.
Dies führt zu schnelleren und angepaßteren Algorithmen im gesamten System.

3.3 Schnittstellen zum Industrieroboter

Die Schnittstelle zum Industrieroboter ist zweiseitig aus-
zuführen.

So werden von Programmiersystemen an den Industrieroboter tex-
tuelle Programme übertragen. Als textuelle Darstellungsform des
Bewegungsprogramms erhält für die Off-line-Programmierung von
Industrierobotern der IRDATA-Code /42/ immer mehr Bedeutung.
Aber auch andere, genügend mächtige Programmiersprachen wie
VAL der Fa. Unimation /43/ oder BAPS der Fa. Bosch /44, 45/
werden verwendet.

Vom Industrieroboter zum Programmiersystem muß mit Hilfe von
Sensorsignalen eine Justage des Modells möglich sein. Eine
solche Justage ermöglicht die Erhöhung der Genauigkeit der
generierten Industrieroboterprogramme.

3.4 Überprüfung des Bewegungsablaufes auf Kollision

3.4.1 Erkennen einer Kollision

3.4.1.1 Anforderungen an die Kollisionserkennung

Im Anschluß an die Generierung des Bewegungsablaufes ist dieser
auf Kollision zu überprüfen. Der Kollisionserkennungsalgorithmus muß Anforderungen erfüllen, die auf der einen Seite aus der
Planung eines Industrierobotersystems und auf der anderen Seite
aus der Off-line-Programmierung des Industrieroboters hervor-
gehen,

Die Planung eines Industrierobotersystems ist eine interaktive
Aufgabe. Der Benutzer arbeitet am Bildschirm und das Pla-
nungsprogramm sollte möglichst ohne merkliche Verzögerungen auf
die Eingaben reagieren. Deshalb ist für diesen Bereich die
Antwortzeit die wesentliche Anforderung. Sie sollte 5 - 10 s
für die Kollisionserkennung bei 10 bis 20 zu untersuchenden
Körpern und 10 Bewegungsbefehlen auf keinen Fall überschrei-
ten. Im Mittel ist eine Antwortzeit von unter 1 s anzustreben,
wobei diese Antwortzeiten für alle verwendbaren Industrie-

roboter-Kinematiktypen gelten müssen. Verwendbar sein müssen
jedoch mindestens die in Kap. 2.2.2 aufgeführten 6 Typen. Als
nächste Anforderung ist eine ausreichende Sicherheit zu fordern. Um diese zu erhalten, sind die Körper, die die Peripherie
nachbilden, entweder 2 1/2-dimensional oder 3-dimensional zu
beschreiben.

Spezielle Eigenschaften der Kinematiktypen der Industrieroboter
hinsichtlich des Kollisionsverhaltens müssen ebenfalls berücksichtigt werden. Damit ist ein Bewegen des Greifers über
ein Hindernis hinweg mit einem Industrieroboter mit Gelenkkinematik als kollisionsfrei erkennbar, ein Fall der bei Einsatz eines kartesisch aufgebauten Gerätes zu Kollisionen führen
würde.

Für die Kontrolle eines vom Programmiersystem generierten
Bewegungsprogrammes auf Kollision ist die Antwortzeit von
untergeordneter Bedeutung, da die Kontrolle nach der Bewegungsgenerierung abläuft. Augenmerk muß aber auf eine sehr
hohe Aussagesicherheit gelegt werden. Dies bedeutet, daß bei
Generierung eines durch die Bewegung entstehenden Überstrei-
chungsvolumen die Abweichungen bei maximal 5 mm liegen sollten. Dies ist ein Wert, der sich in der Praxis bewährt hat.
Positionsabweichungen des Industrieroboters von der Sollbahn
müssen aufgrund ihrer geringen Auswirkungen nicht betrachtet
werden. Die Eingrenzung der Abweichung auf diesen Toleranzbe-
reich ist nur durch eine 3-dimensionale Darstellung der Elemente des Industrierobotersystems möglich. Hierdurch lassen
sich auch die Eigenschaften der Industrieroboter-Kinematik-
typen nachbilden.

3.4.1.2 Bewertung der Kollisionserkennungsalgorithmen

Wie bereits bei den Anforderungen festgetellt, sind die Algorithmen, die auf 2-dimensionaler Beschreibung der Elemente des
Industrierobotersystems beruhen, für den Einsatz bei Industrierobotern aus heutiger Sicht nicht geeignet. Betrachtet man die

Verwendung von 3-D-Beschreibungen für die Kollisionserkennung,
so ist nicht möglich, die bei der Planung geforderten Antwortzeiten einzuhalten. So gibt Myers /30/ 27 s für die Untersuchung einer Bewegung auf einer VAX 11/780 an und Pritschow /33/
0,8 s für eine Bewegung und drei Kollisionskörper bei Verwendung eines 8086-Prozessors und Gleitkommaprozessor.

Damit verbleibt als einsetzbar die 2 1/2-dimensionale Beschreibung der Elemente. Die Algorithmen von Hoyer /24/, Schöling
/26/ und Schmidt-Streier /25/ erfüllen jedoch die Anforderungen, daß die Eigenschaften der Industrieroboter-Kinematik bei
der Überführung von der 2 1/2-D-Beschreibung in die 2-
D-Beschreibung berücksichtigt wird, nicht.

Kollisionserkennung bei der Off-line-Programmierung von Industrierobotern benötigt die Beschreibung der Elemente 3-
dimensional. Um die Aussagesicherheit weiter zu erhöhen, sind
optimal ausschließlich zeitkontinuierliche Algorithmen verwendbar /18/. Damit wird sichergestellt, daß Kollisionen auf
jeden Fall erkannt werden, denn bei diskretem Vorgehen kann
eine falsch gewählte Iterationsschrittweite zum Nichterkennen
von Kollisionen führen. Obgleich zu den zeitkontinuierlichen
Algorithmen gehörig, ist der von Stöck /27/ entwickelte Algorithmus nicht einsetzbar, da das durch Bewegung entstehende
Volumen nur durch eine Linie im Raum repräsentiert wird. Die
geometrische Ausdehnung senkrecht zur Bahn wird nicht betrachtet. Auch Diedenhoven /28/ macht eine für die Kollisionserkennung von Industrierobotern nicht zulässige Einschränkung. Er
vereinfacht die Bahn, indem er die komplexe Bahn durch lineare und kreisförmige Abschnitte ersetzt, wobei die Achse des
Kreises senkrecht oder parallel zur Werkzeugachse stehen muß.

3.4.2 Vermeidung einer Kollision

3.4.2.1 Anforderungen an die Kollisionsvermeidung

Die Kollisionsvermeidung ist genauso wie die Kollisionserkennung auszulegen auf die beiden Fälle Planung von Industrierobotersystemen und Off-line-Programmierung.

Da die bei der Kollisionserkennung gewonnenen Daten über Kollisionskörper und -ort eine wichtige Information für den Ver-
meidungsalgorithmus darstellen, muß mit dem Beschreibungsmodell
der Elemente des Erkennungsalgorithmus weitergearbeitet werden. Bei der Planung von Industrierobotersystemen ist die
Antwortzeit ebenfalls wichtigste Anforderung. Die zum Einsatz
kommenden Algorithmen sollten Antwortzeiten von unter 1 s auf-
weisen. Zusätzlich ist zu fordern, daß Ausweichpunkte horizontal und vertikal zur Bahn berechnet werden, um die Bewegungs-
möglichkeiten von Industrierobotern nicht zu vernachlässigen.

Ein Kollisionsvermeidungsalgorithmus für die Off-line-Programmierung von Industrierobotern darf nicht eingeschränkt werden
durch Richtungsvorgaben für die Ausweichpunkte relativ zur
Bahn. Dies bedeutet, daß der zu ermittelnde Ausweichpunkt frei
im Raum zu bestimmen ist.

3.4.2.2 Bewertung der Kollisionsvermeidungsalgorithmen

Bei der Kollisionserkennung im Bereich der Planung von Industrierobotersystem ist die 2 1/2-D-Beschreibung der Elemente
als einzige den Anforderungen entsprechend erkannt worden. Also
kommt auschließlich dieses Modell für die Kollisionsvermeidung
in Frage. Wird die Aussage mit der Anforderung verknüpft,
die Ausweichpunkte horizontal und vertikal zur Bahn zu berech-
nen, verbleibt nur noch der Algorithmus von Schmidt-Streier
/25/. Durch sein iteratives Vorgehen liegen die Antwortzeiten
bei 30 - 60 s auf einer VAX 11/780, womit die wichtige Anforderung Antwortzeit nicht erfüllt worden ist.

Die für die Kollisionsvermeidung bei der Off-line-Programmierung aufgestellte Anforderung des frei im Raum bestimmbaren Ausweichpunktes erfüllt kein Verfahren. Das den Anforderungen am nächsten kommende von Diedenhoven /28/ beschränkt die Ausweichrichtung auf die Werkzeugachse.

3.5   Schnittstellen zu Technologiemodulen

Da die Anforderungen an die Offenheit des Programmiersystems hoch sind, sind Schnittstellen vorzubereiten, die ein Einbinden von Technologiemodulen ermöglichen. Die Schnittstellen betreffen geometrische Informationen aus verschiedenen CAD-Systemen, Bewegungsinformationen zum Einfügen in Industrieroboterbewegungssequenzen und Peripherieinformationen zum Steuern von aufgabenbezogenen Elementen des Industrierobotersystems.

4 Modulares Off-line-Programmiersystem CASOR

4.1 Aufbau des Systems

Entsprechend den Anforderungen an das Programmsystem wird dieses als ein modulares System für die Planung von Industrierobotersystemen und die Off-line-Programmierung von Industrierobotern verstanden. Durch anwendungsbezogene Module (z.B. für die Anwendungen Bahnschweißen, Löten, Kabelbaummontage) kann dieses System den aktuellen technologischen Anforderungen angepaßt werden. Bild 10 und 11 zeigen die Module mit ihren Relationen.

Zunächst werden die Geometrie und die Kinematik eines Industrieroboters eingegeben, daraus die Transformationsgleichungen aufgestellt und die Daten in einer Datenbasis abgelegt.

Parallel dazu ist die Generierung der Peripherieelemente und Werkstücke zu sehen. Diese werden im System Romulus, Fa. Shape Data beschrieben und in getrennten Datenbasen abgelegt.

Zusammengeführt werden die gesamten Informationen beim Aufbau der Industrieroboterzelle mit Hilfe eines weiteren Moduls. Dem Aufbau der Zelle schließt sich die Ablaufgenerierung, die Industrieroboterprogrammierung und die Simulation an. Auf die Industrieroboterprogrammierung erfolgt durch einen dem Industrierobotérsystem zuzuordnenden Postprozessor die Anpassung des Programms an die Industrierobotersteuerung. Abweichungen zwischen vom Off-line-Programmiersystem ermittelten Sollpositionen und den real angefahrenen Istpositionen können durch Sensoren erkannt und im Programm korrigiert werden /46/.

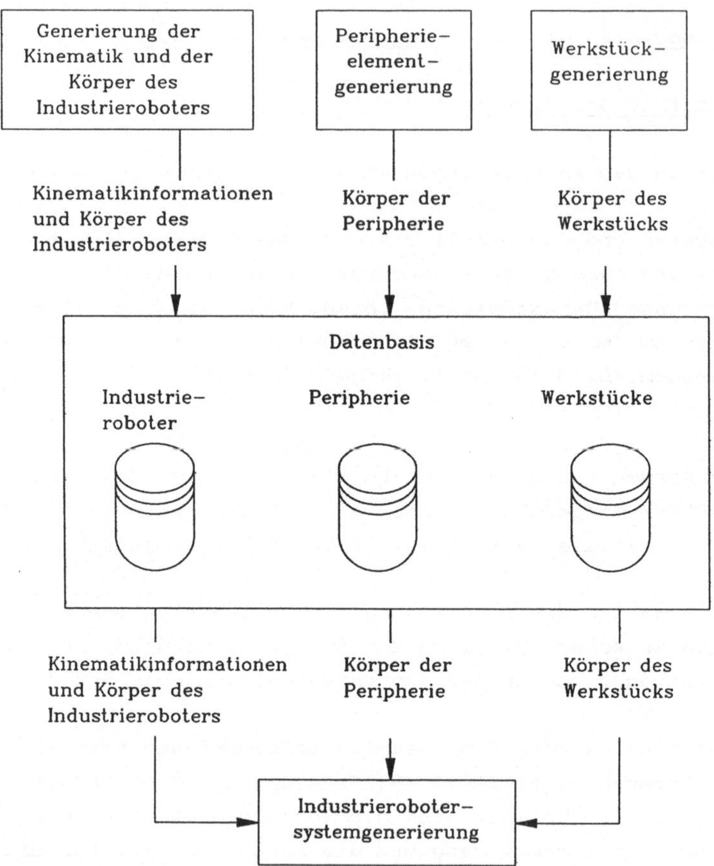

Bild 10: Module für die Generierung des Industrierobotersystems

Grundlage für die Überprüfung des Bewegungsablaufes im Schalensystem von CASOR (Bild 12) bildet die Darstellung des Industrieroboters mit Peripherie mittels eines Solid-Modeller-
Systems. Dieses ermöglicht, die Ausdehnungen und Formen der
Elemente mit hoher Abbildungsgenauigkeit zu erfassen.

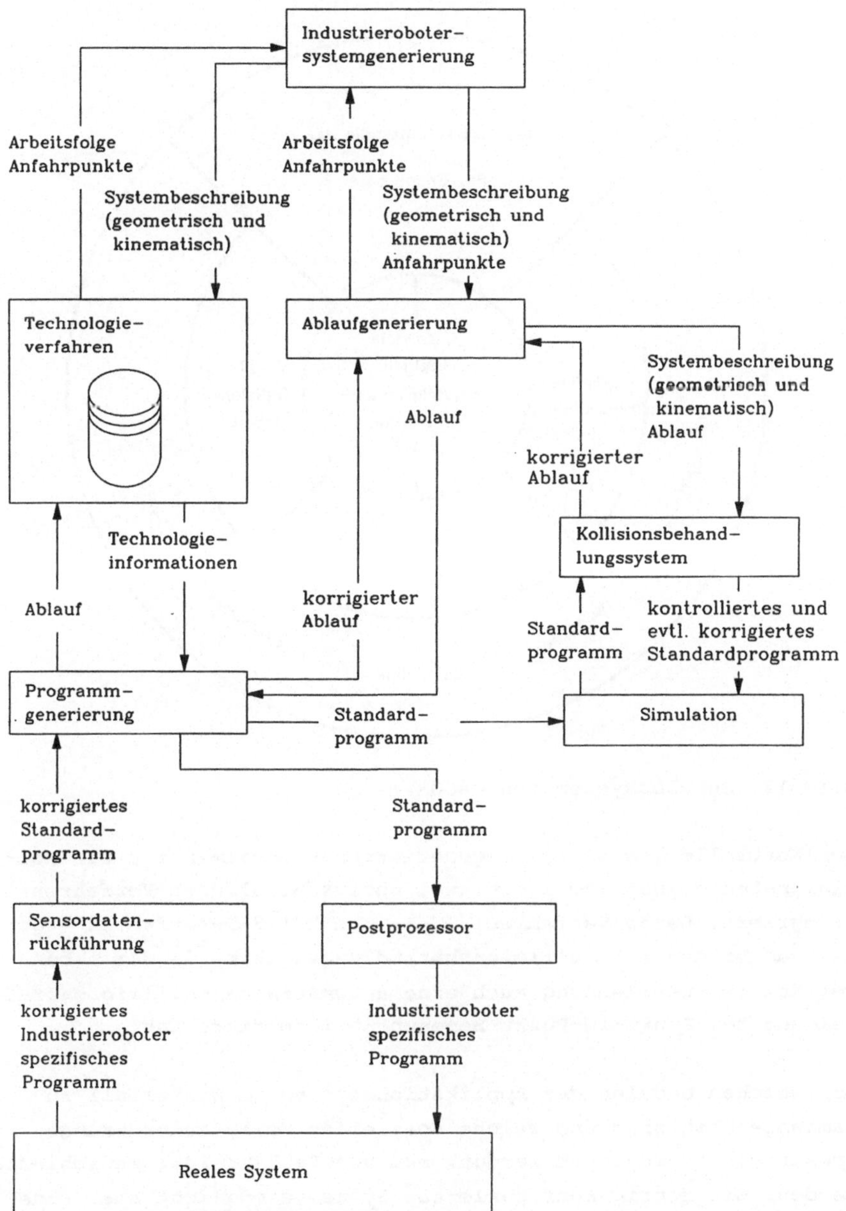

Bild 11: Module für die Ablauf- und Programmverwaltung

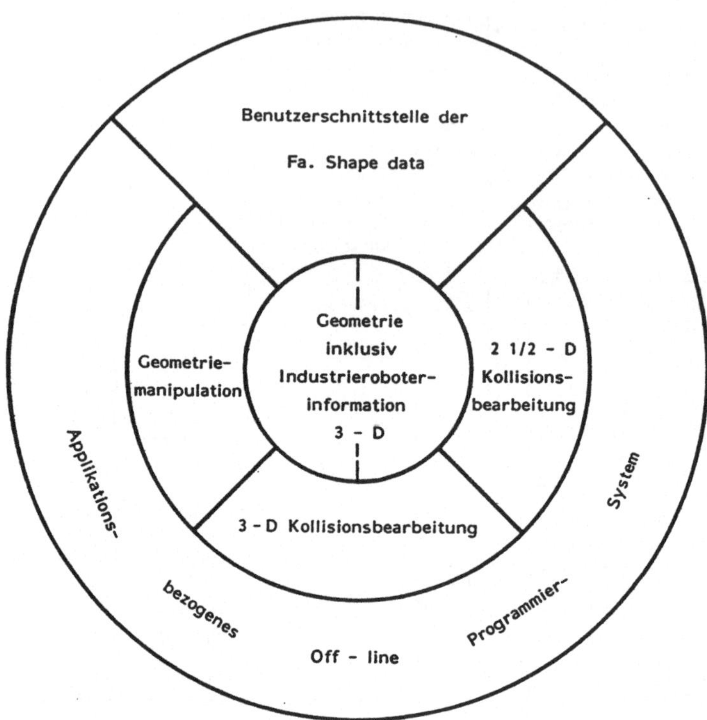

Bild 12: Schalensystem von CASOR

Zur Kontrolle von off-line-generierten Programmen ist ein Kollisionsbehandlungsmodul mit zwei unterschiedlichen Verfahren integriert. Beide Verfahren - 3-D- und 2 1/2-D-Verfahren - gemeinsam bilden ein Kollisionsbehandlungssystem, in dem neben der Kollisionserkennung auch eine automatische Kollisionsvermeidung bei Punkt-zu-Punkt-Bewegungen integriert ist.

Aus welchen Modulen das Applikationssystem im Einzelfall zusammengesetzt wird und welche speziellén Teile anforderungsspezifisch hinzugefügt werden, muß von Fall zu Fall entschieden werden. Ein fertig konfiguriertes System ermöglicht aber eine weitaus bessere Benutzerführung und Programmierkontrolle als konventionelle Off-line-Programmiersysteme.

4.2   Dialogkomponenten des Systems

Beim Generieren der Industrieroboterzelle wird der Solid-
Modeller gestartet und der Anwender bedient sich der Benut-
zerschnittstelle der Fa. Shape data. Mit Hilfe des Lichtgrif-
fels können die Elemente einer Zelle modifiziert, verschoben
und verdreht werden. Auch das Hinzufügen von neuen Elementen
aus einer Dateistruktur sowie Hinzufügen oder Löschen eines Industrieroboters wird in dieser Ebene durchgeführt. Neben den
Geometriedaten der Elemente der Zelle werden die für die Programmierung des Industrieroboters notwendigen zusätzlichen Informationen als Attribute hinzugefügt. Hierbei handelt es sich
unter anderem um die Greifpunkte, welche als Frames an die Elemente geknüpft sind, oder Attribute, wie Werkstoff und Farbe.
Diese Attribute werden entsprechend der Applikation definiert.

Die Bestimmung des Ablaufes des Industrieroboters ist stark abhängig von der Aufgabe, die im speziellen Fall gelöst werden
soll. Der einfachste Fall ist das Angeben von anzufahrenden
Punkten, die durch Lage und Orientierung beschrieben werden
oder bereits bei der Generierung beschrieben worden sind. Hierbei wird eine Punkt-zu-Punkt-Bewegung schrittweise aufgebaut.
Weitergehend ist es möglich, Daten aus der Geometriebeschreibung zu extrahieren, um sie zu Bahnvorschriften zusammenzuset-
zen.

4.3   Beschreibung der verwendeten Geometrieelemente

Die Geometrie der Elemente des Industrierobotersystems ist da-
tentechnisch als "solid" in der vom System "Romulus" verwendeten Struktur (Bild 13 /47/) erfaßt.

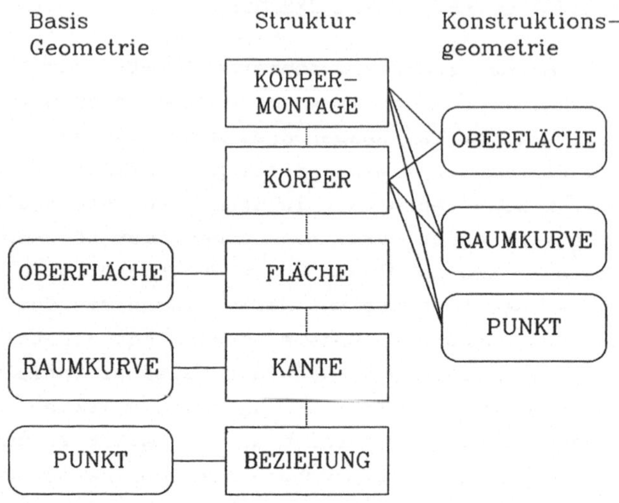

Bild 13: Verwendete Geometriestruktur

Der Industrieroboter wird zunächst in seiner geometrischen Ausprägung beschrieben. Parallel dazu werden die Lagen der Achsen, deren Ausprägung sowie andere benötigte Informationen in
einem sequentiellen Datenfile abgelegt. Daraus lassen sich die
Transformationen für die sechs beschriebenen Kinematiktypen
(Kap. 2.1.2) bestimmen. Die Geometrie und die Transformations-
beschreibung werden in einer Datenbasis abgelegt.

Die Geometrie der Peripherieelemente wird auch mit dem Romulussystem erarbeitet und abgelegt. In dieser Struktur können
lokale Koordinatenkreuze als Attribute in Form von Frames an
die Körper angefügt werden. Diese sind relativ zum Peripherieelement ortsfest. Mit Hilfe von Namen können diese Frames später zur Bewegungsgenerierung eingesetzt werden.

Drittes und letztes Element ist das zu handhabende, zu bearbei-
tende oder zu montierende Werkstück selbst. Dieses wird ebenfalls durch das Romulussystem beschrieben. Hierbei werden in
vielen Fällen technologische Attribute, die auf die Bewegungs-

gestaltung beim Prozeß einen Einfluß haben, hinzugefügt. Inhalt
dieser Attribute können Gewichte, Oberflächenbeschaffenheit,
Schweißparameter, Schweißnahtbeschreibungen und anderes sein.

4.4 Kollisionsbehandlungsbaustein

4.4.1 Kollisionsbehandlungsverfahren

Die Kollisionsbehandlungsverfahren - Kollisionserkennungs-
und -vermeidungsalgorithmen - sind nach den zwei Anwendungsbe-
reichen Planung von Industrieroboterzellen und Kontrolle von
Bewegungsprogrammen bei der Off-line-Programmierung von Industrierobotern zu unterscheiden. Obgleich in beiden Anwen-
dungsbereichen das Erkennen von Durchdringungen der dargestellten Körper Grundlage ist /48/, zeigt ein Vergleich der
Anforderungen sowie deren Bewertung (Kap. 3.4) die Notwendigkeit, zwei unterschiedliche Geometriemodelle zu verwenden.

Da weder für die Kollisionserkennung noch für die Kollisionsvermeidung geeignete Verfahren im Bereich der Planung von Industrierobotersystemen zur Verfügung stehen, ist ein Verfahren
zu entwickeln, welches den aufgestellten Anforderungen genügt.
Dieses gilt entsprechend für den Anwedungsbereich der Off-
line-Programmierung.

4.4.2 Einbindung in das Programmiersystem

Die Kollisionsalgorithmen greifen in erster Linie auf die
geometrischen Daten der Elemente des Industrierobotersystems
zu. Um die Daten zu verwalten, lesen und verändern zu können, steht ein sehr umfangreiches Programmierinterface zur
Verfügung /47/. Diese Daten sind allgemein im Gesamtsystem
offen zugänglich. Der Zugriff auf einzelne Körper und die
Zuordnung der Körper zu Industrieroboter und Peripherie werden
über Zeigerlisten verwaltet. Alle Körper sind relativ zu einem
ortsfesten Basiskoordinatensystem positioniert.

Neben der Geometrie werden den Algorithmen die Kinematikbe-
schreibung des eingesetzten Industrieroboters übergeben. In
dieser sind der Typ der Kinematik, die Achsfolge, die Achs-
richtungen, die Achsabstände und Achsgrenzlagen beschrieben.
Diese Angaben werden verwendet, um die Transformationen der
Körper des Industrieroboters während der Bewegung zu errechnen. Die bis hierher aufgeführten Informationen sind abhängig
von der Generierung des Industrierobotersystems. Die Informationen über die Bewegung werden jedoch bei der Generierung des
Ablaufes bzw. bei der Simulation zusammengestellt. Diese Bewegungsinformationen enthalten den Start- und den Endpunkt einer
Bewegung, die Verfahrart (Punkt zu Punkt oder linear) und für
Industrieroboter mit Gelenkkinematik die Achsstellung
(oben/unten, links/rechts).

Übergeben wird grundsätzlich, welches der beiden Kollisionsbehandlungsverfahren zur Anwendung kommen soll. Von dem Modul
Ablaufgenerierung aus wird es sich meist um das Verfahren
mit 2 1/2-D-Geometriebeschreibung handeln, da an dieser Stellung die Planung eines Industrierobotersystems durchgeführt
wird. Beim Aufruf vom Modul Simulation aus wird überwiegend das
Verfahren mit der 3-D-Geometriebeschreibung gestartet werden,
weil an dieser Stelle mit dem Simulationsmodul fertig generierte Bewegungsprogramme vor der Übergabe an den Postprozessor
abschließend getestet werden.

4.5   Eingesetzte Hardware

Entwickelt wird das System CASOR auf einer VAX 11/780 oder er-
satzweise einer Micro-VAX II. Für die Echtzeitsimulation ist
ein Bildschirm der PS 300 Serie im Einsatz. Zusätzlich stehen
Terminals und andere graphische Ein-/Ausgabeeinrichtungen zur
Verfügung. Für den Einsatz des Systems sind in den meisten Fällen Arbeitsstationen ausreichend. Kann bei speziellen Anwendungen auf eine aufwendige Graphikdarstellung verzichtet werden,
reicht auch die Kapazität eines Personalcomputers aus /16/.

5 Kollisionsbehandlungsverfahren mit 2 1/2-D-Geometriebeschreibung

5.1 Konzept des Verfahrens

5.1.1 Geometrische Einschränkungen

Für dieses Kollisionsbehandlungsverfahren wird auf eine 3-D-Darstellung der Peripherieelemente verzichtet. Ausgehend von der 3-D-Beschreibung der Elemente, werden im ersten Schritt die gewölbten Flächen durch ebene, den Körper umhüllende Flächen näherungsweise beschrieben. Hierauf aufbauend wird das auf einer 2 1/2-D-Geometriebeschreibung basierende Modell gebildet (Bild 14). Beschrieben ist ein Peripherieelement durch eine Anzahl geschlossener Linienzüge.

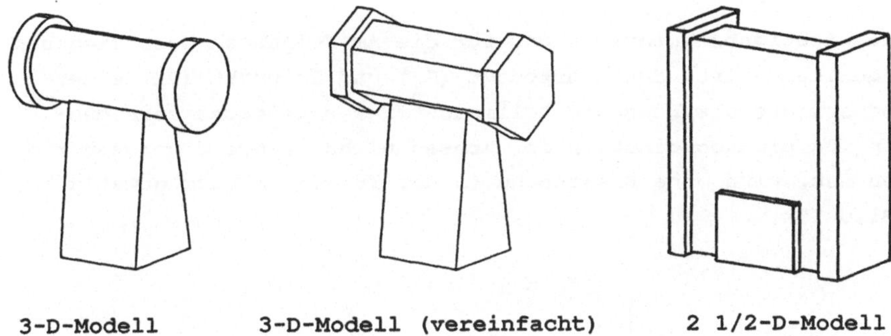

Bild 14: Vereinfachung des 3-D-Modells

Für einen Linienzug werden die Eckpunkte in der Reihenfolge des Auftretens mit den Koordinatenwerten (x, y, z) abgelegt. Die Kanten verlaufen jeweils durch zwei aufeinanderfolgende Punkte als im Raum liegende Geraden. Neben der Vereinfachung der geometrischen Darstellung der Peripherieelemente wird der Industrieroboter nicht in seiner vollen durch das Volumenmodell verfügbaren geometrischen Ausprägung dargestellt. Die räumliche

Ausdehnung der Hauptachsen wird durch Zylinder beschrieben, der
Greifer durch eine Kugel abgebildet. Auf diesem, jetzt nur noch
aus drei Hauptachsen bestehenden Modell basiert der hier entwickelte Algorithmus.

Aufgrund der Modifizierung der geometrischen Daten, welche nur
einmal für ein Industrierobotersystem durchgeführt wird, weist
dieses Verfahren Grenzen auf, die bei einer Anwendung zu beachten sind. So können komplexe Formen und Hinterschneidungen
nicht originalgetreu abgebildet werden. Erfahrungsgemäß treten
solche Probleme bei zu planenden Industrierobotersystemen nur
selten auf und können durch manuelle Eingriffe in die Geometriedaten bearbeitet werden.

5.1.2   Voraussetzungen für das Verfahren

Die wichtigste Voraussetzung für die im folgenden beschriebenen
Algorithmen ist, daß Startpunkt (P_1) und Endpunkt (P_2) einer
Industrieroboterbewegung kollisionsfrei erreichbar sein müs-
sen. Da die Koordination der Achsen nicht zwingend vorgeschrie-
ben ist, wird eine Ersatzbahn in der folgenden Form gewählt
(Bild 15):

$$v_{A_n} = \begin{cases} a \cdot t + b & \text{für } T_0 < t < T_1 \\ \text{const} & \text{für } T_1 < t < T_2 \\ -a \cdot t + c & \text{für } T_2 < t < T_3 \end{cases} \qquad (5.1)$$

$$
\begin{aligned}
\text{mit} \quad & v_{A_n} && = \text{Geschwindigkeit der n-ten Achse} \\
& T && = \text{Zeitpunkt} \\
& t && = \text{Zeit} \\
& a,\, b,\, c && = \text{Konstanten.}
\end{aligned}
$$

Die sich ergebende Ersatzbahn wird als Basis für die weiteren
Untersuchungen der Kollisionserkennung gewählt. Bei einer
Bahnprogrammierung (Continuous Path) ist die lineare Interpo-
lation implementiert, d. h. alle Punkte liegen auf einer im
Raum liegenden Geraden, die durch P_1 und P_2 verläuft.

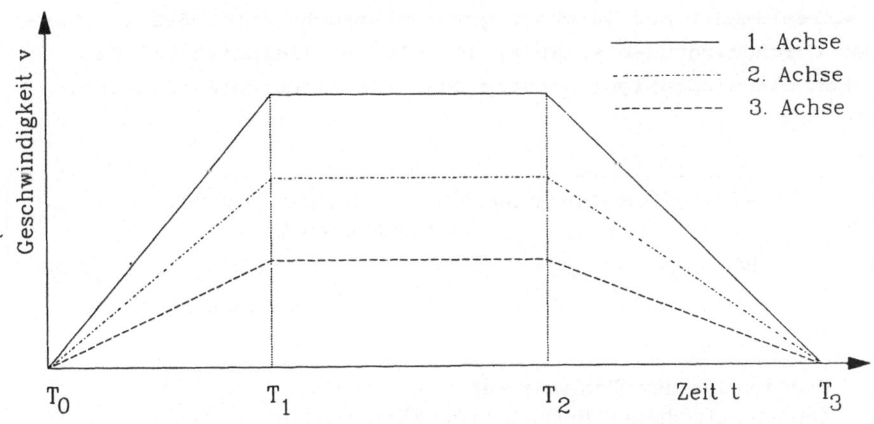

Bild 15: Geschwindigkeitsverhalten der Achsen bei der
PTP-Bewegung (PTP: point to point; Punkt zu Punkt)

5.1.3 Gesamtablauf des Verfahrens

Zur Kollisionserkennung werden für zwei voneinander unabhängige
Bereiche Algorithmen benötigt. Somit teilt sich dieser Arbeits-
punkt auf in

- Kollisionserkennung für eine definierte Industrieroboterstellung und

- Kollisionserkennung beim Bewegen des Industrieroboters entlang einer Bahn.

Soll Kollision für eine definierte Industrieroboterstellung
erkannt werden, werden die möglichen Achsstellungen ermittelt, mit denen der Endpunkt der kinematischen Kette Industrieroboter eine definierte Position erhält. Mit diesen Stellungen
wird nun auf Kollision untersucht. Hierbei wird das Industrierobotermodell mit der 2 1/2-D-Geometriebeschreibung der Peripherieelemente auf Durchdringung untersucht (Kap. 5.2.1). Werden Durchdringungen erkannt, so gilt der Zielpunkt bei Geräten mit eindeutiger Achsstellung als nicht kollisionsfrei.

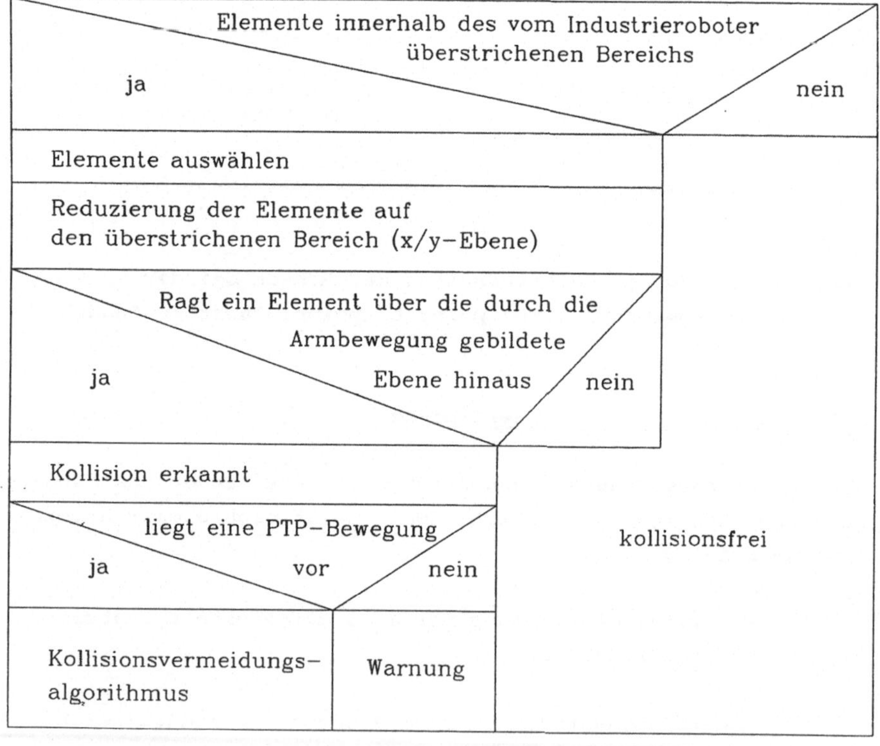

Bild 16: Ablauf der Kollisionserkennung beim Bewegen entlang
einer Bahn

erreichbar, bei Geräten mit mehreren möglichen Achsstellungen
werden alle Stellungen durchgetestet und die kollisionsfreien
Stellungen ermittelt.

Der Kollisionserkennungsalgorithmus beim Bewegen entlang einer
Bahn wird in mehreren Schritten durchlaufen (Bild 16). Am Ende
eines jeden Schrittes kann bei entsprechenden Ergebnissen auf
eine kollisionsfreie Bewegung geschlossen werden. Somit ist
eine Minimierung der Rechenzeit erreicht worden, da meist nicht
der vollständige Durchlauf gerechnet werden muß.

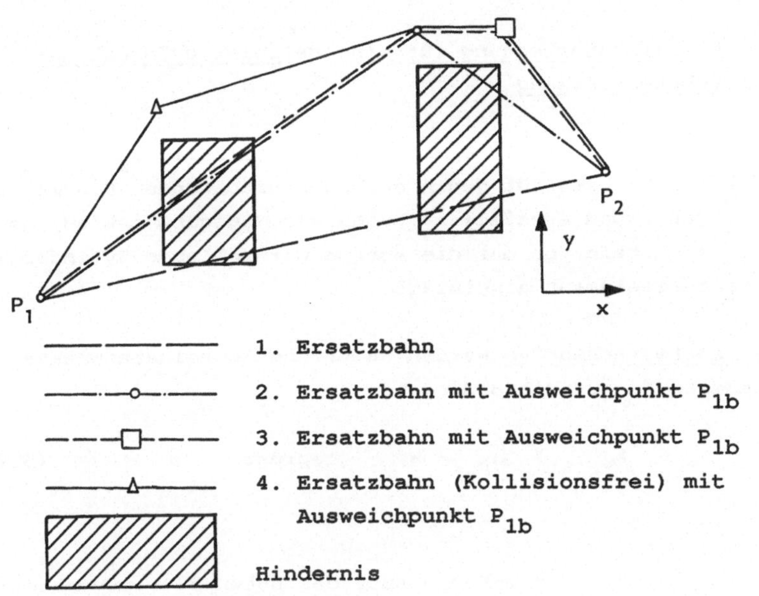

Bild 17: Ermittelte kollisionsfreie Gesamtbahn
(kartesischer Industrieroboter)

Wird eine Kollision erkannt, so folgt im Falle einer PTP-Bewegung der Kollisionsvermeidungsalgorithmus, bei der die Zwischenpunkte P_{1a} und P_{1b} für das kollisionsfreie Bewegen von P_1
nach P_2 bestimmt werden. Handelt es sich hingegen um eine CP-

Bewegung, so darf die Bahn nicht automatisch verändert werden.

Ist eine Bewegung vom Startpunkt P_1 aus über den Zwischenpunkt P_{1a} oder P_{1b} zum Endpunkt P_2 ermittelt, so ist noch nicht sichergestellt, daß die gesamte Bewegung kollisionsfrei ist. Darum werden die einzelnen Abschnitte selbst erneut auf Kollision untersucht. Sind alle Teilstücke der Bewegung kollisionsfrei, ist auch die Gesamtbahn kollisionsfrei (Bild 17).

5.2   Kollisionserkennung

5.2.1   Kollisionserkennung für eine definierte Industrieroboterstellung

Die Kontrolle, ob beim Erreichen eines Zielframes P_Z eine Kollision auftritt, ist für jeden der zu betrachtenden Kinematiktypen getrennt und speziell zu behandeln. Aufgabe ist es, jeweils zu ermitteln, ob der die Achsen darstellende Zylinder in ein Peripherieelement hineinragt.

Für den __kartesischen Typ__ werden sämtliche Koordinatenpunkte der Elemente P_E auf die Bedingung

$$z_{P_{E_n}} > z_{P_Z} - R \qquad \text{geprüft} \qquad (5.2),$$

mit

$$z_{P_{E_n}} = \text{z-Komponente des n-ten Elementpunktes}$$

$$z_{P_Z} = \text{z-Komponente des Zielframes}$$

$$R = \text{Radius des Armersatzzylinders.}$$

Wird diese Bedingung erfüllt, wird dieser Punkt in eine Kollisionspunkteliste eingetragen. Existiert der Punkt $P_{E_{n-1}}$ und erfüllt er die obige Bedingung nicht, so wird eine Gerade errechnet, die durch die Punkte P_{E_n} und $P_{E_{n-1}}$ läuft. Der sich zwangsläufig aus dieser Geraden und der Ebene, beschrieben durch den Punkt $(x_{P_Z}, y_{P_Z}, z_{P_Z})$ und den Normalvektor $(0,0,1)$, ergebende Schnittpunkt wird ebenfalls in die Kollisionspunkteliste eingetragen und zwar vor den die Bedingung erfüllenden Punkt. Erfüllt der Punkt P_{E_n} die Bedingung nicht, wohl aber der Punkt $P_{E_{n-1}}$, so wird analog verfahren, aber der errechnete Schnittpunkt hinter den Punkt $P_{E_{n-1}}$ in die Kollisionspunkteliste eingeordnet.

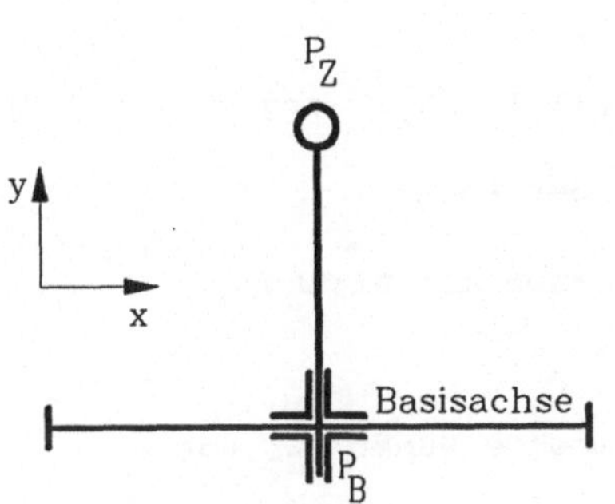

P_B = Basispunkt

P_Z = Zielpunkt

Bild 18: Basispunkt beim kartesischen Industrieroboter

Erfüllt kein Elementpunkt P_E die Bedingungen, so kann der Punkt angefahren und die Untersuchung abgeschlossen werden. Ist die Kollisionspunkteliste nicht leer, so muß überprüft werden, ob dieser sich ergebende Linienzug die Verbindung zwischen dem Basispunkt P_B und dem Zielpunkt P_Z (Bild 18) in der x/y-Ebene schneidet oder der minimale Abstand kleiner als der Radius des Ersatzzylinders (R) ist (nach /48/). Wird eine der beiden Bedingungen erfüllt, so kann der Zielpunkt aufgrund von Kollision mit einem Peripherieelement nicht erreicht werden.

Bei dem <u>Kinematiktyp mit zylindrischem Arbeitsraum</u> ergibt sich
für den Basispunkt P_B und den Zielpunkt P_Z derselbe z-Koordinatenwert z_o. Somit kann nach der gleichen Bedingung wie beim
kartesischen Typ vorgegangen werden. Da die Untersuchung, ob
die in der Kollisionspunkteliste eingetragenen Punkte mit
ihren Verbindungen die Linie Basispunkt-Zielpunkt schneidet,
allgemein für alle x-y-Kombinationen gilt, kann auch hier die
Entscheidung über die Erreichbarkeit getroffen werden.

Der <u>Industrieroboter mit kugelförmig ausgeprägtem Arbeitsraum</u>
stellt an die Ermittlung der Kollisionspunkteliste neue Anforderungen. Während für die Auswahl bisher nur die z-Koordinatenwerte der Elementpunkte P_E von Interesse waren, ist dies aufgrund der unterschiedlichen z-Koordinatenwerte von Basispunkt
P_B und Zielpunkt P_Z nicht mehr der Fall. Für die Betrachtung
muß eine Ebene im Raum gebildet werden, deren Normalvektor
sich aus dem Vektorprodukt

$$v_{nor_E} = (v_{BZ} \times (0,0,1)\,) \times v_{BZ} \quad \text{ergibt} \qquad (5.3)$$

mit $\qquad v_{nor_E}$ = Normalvektor der Ebene

$\qquad\qquad v_{BZ}$ = normierter Vektor mit Richtung
$\qquad\qquad\qquad$ von P_B auf P_Z.

Zusätzlich wird der die Ebene bestimmende Punkt P_{Eb} aus P_B
folgendermaßen errechnet:

$$P_{Eb} = P_B + R \cdot v_{nor_E} \qquad (5.4)$$

mit $\qquad P_{Eb}$ = Punkt in der Ebene

$\qquad\qquad R$ = Radius des Armersatzzylinders.

Im weiteren wird mit dieser Ebene zur Ermittlung der Kollisionspunkteliste weitergearbeitet. Alle Punkte oberhalb dieser
Ebene werden in die Liste übernommen. Liegen die anzufahrenden

Punkte P_{E_n} und $P_{E_{n+1}}$ nicht auf derselben Seite der Ebene, so
wird auch hier der Schnittpunkt zwischen Gerade und Ebene in
die Liste aufgenommen. Die Untersuchung, ob die in der Kolli-
sionsliste aufgeführten Punkte ein Element beschreiben, das zu
einer Kollision führen kann, wird wie beim Gerät mit zylinder-
förmigem Arbeitsraum durchgeführt.

Bei dem <u>Industrieroboter mit Gelenkkinematik</u> müssen beide Teile
der Gelenkkette untersucht werden. Für den inneren Armteil A_i
(Bild 19) wird der Zielframe durch den Armknickpunkt P_{Arm} ersetzt.

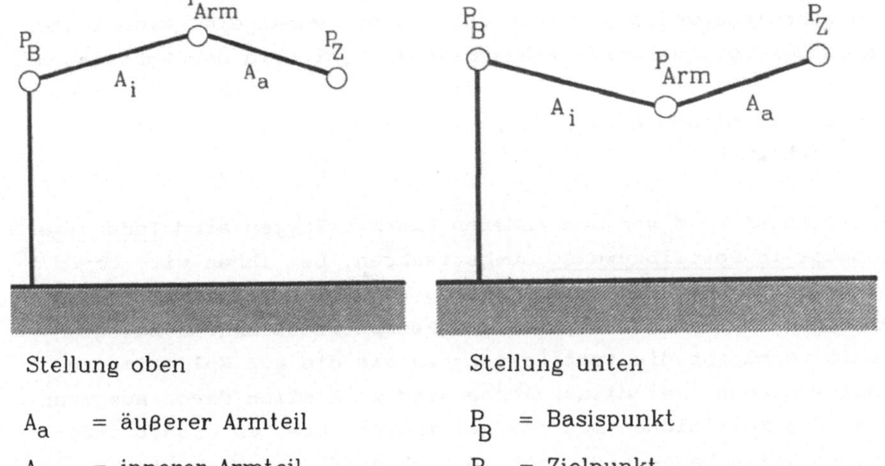

A_a = äußerer Armteil

A_i = innerer Armteil

P_{Arm} = Armknickpunkt

P_B = Basispunkt

P_Z = Zielpunkt

Bild 19: Unterschiedliche Stellungen des Gelenkroboters zum
Erreichen eines identischen Raumpunktes

Jetzt kann wie beim Industrieroboter mit kugelförmigem Arbeitsraum vorgegangen werden. Für den äußeren Armteil A_a wird der
Basispunkt durch den Armknickpunkt P_{Arm} ersetzt; der Zielpunkt
P_Z bleibt erhalten. Nun wird derselbe Algorithmus erneut mit

diesen Werten angewendet. Ergibt sich in einer der beiden Untersuchungen eine Kollision, so ist der Zielpunkt nicht erreichbar. Ist ein Industrieroboter in der Stellung oben überprüft (Bild 19) und Kollision erkannt worden, so tritt in der Stellung unten bei den aufgeführten Voraussetzungen ebenfalls Kollision ein. Ist die aktuelle Vorzugsstellung unten, so wird die Stellung oben ergänzend zu untersuchen sein.

Beim <u>Kinematiktyp mit horizontalem Gelenk</u> wird ähnlich dem Vorgehen beim Gerät mit zylindrischem Arbeitsraum verfahren. Der Arm des Industrieroboters besteht jedoch wie bei der Gelenkkinematik aus einem inneren Armteil A_i und einem äußeren Teil A_a. Wie beim Industrieroboter mit Gelenkkinematik werden die einzelnen Teile getrennt untersucht, wobei die Algorithmen denen des Zylindergerätes entsprechen. Tritt in der Vorzugsstellung Kollision auf, so werden die anderen Achsstellungen, die zum Erreichen eines Zielpunktes möglich sind, ebenfalls durchgetestet.

Stark abweichend von den anderen Kinematiktypen sind <u>Industrieroboter in Portalbauweise</u> zu betrachten. Bei ihnen wird davon ausgegangen, daß sich die Traverse zum Verfahren in x- und y-Richtung kollisionsfrei über den Peripherieelementen bewegt. Damit verbleibt die vertikale Achse als die auf Kollision zu untersuchende. Bei dieser Achse wird zusätzlich davon ausgegangen, daß Kollisionen mit der Hallendecke bzw. an dieser befestigte Teile bauseitig nicht möglich sind. Zunächst wird entsprechend der anderen Kinematiktypen eine Kollisionspunkteliste ermittelt. Für die Elementpunkte muß gelten:

$$z_{P_E} > z_{P_Z} \tag{5.5}$$

mit $\qquad z_{P_E}$ = z-Koordinate des Elementpunktes

$\qquad\qquad z_{P_Z}$ = z-Koordinate des Zielpunktes,

um in die Liste eingetragen zu werden. Beim Wechsel von erfüllter Bedingung zu nicht erfüllter Bedingung wird der

Schnittpunkt zwischen der Geraden und P_{E_n} und $P_{E_{n+1}}$ sowie der Ebene beschrieben durch

$$P_{Eb} = P_Z \tag{5.6}$$

$$v_{nor_E} = (0,0,1) \tag{5.7}$$

mit $\qquad P_{Eb}$ = Punkt der Ebene

$\qquad v_{nor_E}$ = Normalvektor der Ebene

errechnet. Ansonsten wird analog des kartesischen Typs verfahren. Ist die Liste der Kollisionspunkte erstellt, wird nachgeprüft, ob der Zielpunkt P_Z sich innerhalb eines geschlossenen Linienzuges befindet. Diese Überprüfung wird ebenfalls in zwei Stufen durchgeführt. Der Zielpunkt mit seinen Werten x_{P_Z}, y_{P_Z} ist kollisionsfrei, wenn gilt

$$(x_{P_Z} > \text{Max}(x_{P_K}) \vee x_{P_Z} < \text{Min}(x_{P_K})) \wedge (y_{P_Z} > \text{Max}(y_{P_K}) \vee y_{P_Z} < \text{Min}(y_{P_K}))$$

$$\tag{5.8}$$

mit $\qquad \text{Max}(x_{P_K}), \quad \text{Max}(y_{P_K}) \qquad$ = maximale x-/y-Werte der Kollisionspunkte

$\qquad \text{Min}(x_{P_K}), \quad \text{Min}(y_{P_K}) \qquad$ = minimale x-/y-Werte der Kollisionspunkte.

Führt diese einfache Bedingung nicht zu einem eindeutigen Schluß, so muß über die Winkel der Vektoren von Zielframe zu Kollisionspunkten eine Entscheidung gefunden werden. Die Richtungswinkel aller zu einem Linienzug gehörigen Winkel werden addiert.

Gilt

$$\sum_{n=1}^{m} \alpha_{P_Z} = 0 \tag{5.9}$$

mit $\quad \alpha_{P_Z}$ = Richtungswinkel des Vektors von P_Z nach P_{K_n} in der x-y-Ebene

$\quad$ n = Laufzähler

$\quad$ m = Anzahl der Kollisionspunkte im Linienzug,

so liegt der Zielpunkt P_Z innerhalb des Linienzuges, gebildet durch die Kollisionspunkte und ist nicht kollisionsfrei erreichbar.

5.2.2 Ermittlung der kollisionsgefährdeten Elemente

Ausgehend von der Voraussetzung, daß der Startpunkt P_1 und der Endpunkt P_2 kollisionsfrei erreichbar sind, wird die Bewegung zwischen beiden Punkten untersucht.

Zunächst werden die Peripherieelementteile sortiert und auf Kollisionsgefährdung abgeprüft. Die Sortierung der Elementteile ist abhängig von der Kinematik des eingesetzten Gerätes. Sie erfolgt, damit beim sequentiellen Abarbeiten der Peripherieelementteile diejenigen als erste untersucht werden, die mit der höchsten Wahrscheinlichkeit Kollision verursachen können.

Für die kartesischen Geräte wird jedes Teil auf seinen minimalen Abstand von der Basisachse untersucht. Die Teile werden dem Abstand nach aufsteigend sortiert.

Für die Geräte mit einer Rotationsachse als erste Achse, wird als Bezug für die Bestimmung des minimalen Abstands der Mittelpunkt dieser Achse genommen. Anschließend werden die Elementteile ebenfalls nach steigendem Abstand sortiert.

Während die obigen Sortierungen unabhängig von der aktuellen
Bewegung sind, wird bei der Portalkinematik die Bahn des Industrieroboters als Bezugslinie für die Abstandsbestimmung genommen. Die Abstände der Peripherieelementteile zu der Geraden, gegeben durch Start- (P_1) und Endpunkt (P_2), werden errechnet und die Elementteile den Abständen gemäß sortiert. Die
Abhängigkeit von der aktuellen Bewegung erfordert, daß beim
Einsatz eines Portals diese Reihenfolge für jede Bewegung neu
ermittelt werden muß.

Nun wird gemäß der oben ermittelten Reihenfolge die Geometrie
der Teile auf die Möglichkeit von Kollisionen untersucht. Ein
Teil gilt als kollisionsverdächtig, wenn folgende Bedingung
erfüllt ist:

$$\text{Min} \, (z_{P_1}, z_{P_2}) < \text{Max} \, (z_{P_{K_1}}, z_{P_{K_2}} \ldots z_{P_{K_l}}) \qquad (5.10)$$

mit $\quad z_{P_1} \quad = \quad$ z-Komponente des Startpunktes

$\qquad z_{P_2} \quad = \quad$ z-Komponente des Endpunktes

$\qquad z_{P_K} \quad = \quad$ z-Komponente des Kollisionselementpunktes

$\qquad$ l $\quad = \quad$ Anzahl der Punkte des Elementteils

$\qquad$ Min $\quad = \quad$ Minimum

$\qquad$ Max $\quad = \quad$ Maximun

Wird kein Elementteil gefunden, welches diese Bedingung erfüllt, so ist die Bewegung auf jeden Fall kollisionsfrei. Erfüllt jedoch ein Elementteil die Bedingung, so wird dieses wei-
terbehandelt, ohne daß die restlichen Teile in bezug auf diese
Bewegung untersucht worden wären. Diese Vorgehensweise reduziert die benötigte Rechenzeit wesentlich.

5.2.3   Reduktion der z-Koordinate

Ist in der ersten Untersuchung ein Elementteil als kollisionsgefährdet erkannt, so wird die z-Komponente jedes Kollisionselementpunktes mit der z-Koordinate der Bewegung verglichen.
Das Vorgehen entspricht dem der Untersuchung der Kollision beim
Erreichen eines Punktes, abhängig von der gewählten Kinematik.

Bei kartesischer Kinematik wird eine ebene Fläche als Bezug
genommen. Diese ist beschrieben durch folgende drei Punkte

$$P_{Eb_1} = (x_{P_1}, y_{P_1}, (z_{P_1}-R)) \tag{5.11}$$

$$P_{Eb_2} = (x_{P_2}, y_{P_2}, (z_{P_2}-R))$$

$$P_{Eb_3} = (x_{P_B}, y_{P_B}, (z_{P_B}-R))$$

mit $\quad P_{Eb_1}, P_{Eb_2}, P_{Eb_3}$ = Ebenenpunkte

x,y,z = Koordinatenwerte

P_1 = Startpunkt

P_2 = Endpunkt

P_B = Basispunkt

R = Radius des Armersatzzylinders.

Um nun Kollision zu erkennen, werden die z-Koordinatenwerte der
Kollisionspunkte P_K durch den Abstand zur Ebene in Richtung
$(0,0,1)$ ersetzt. Liegt der Punkt unter der Ebene, so wird der
Abstand als negativ erkannt, liegt er über der Ebene, ist er
positiv. Ergeben sich für das untersuchte Elementteil nur negative z-Koordinatenwerte für die Kollisionsersatzpunkte P_{KE},
so kann keine Kollision auftreten. Tritt dagegen ein positiver
z-Koordinatenwert auf, so wird dieser Kollisionsersatzpunkt in
eine Liste eingetragen.

In einer weiteren Vorbereitung wird beim Wechsel der Vorzeichen von $z_{P_{KE_n}}$ auf $z_{P_{KE_{n+1}}}$ der Durchstoßpunkt durch die Ebene ermittelt und als neuer Kollisionsersatzpunt P_{KE} ebenfalls in die Liste der bereits ermittelten Kollisionsersatzpunkte eingetragen.

Bei <u>Geräten mit zylindrischem Arbeitsraum</u> ist es nicht möglich, eine Ebene dieser Art zu bilden. Hier ist die Polarkoordinate der Punkte (P_K) relativ zum Basispunkt (P_B) entscheidend. Da die z-Komponente des Industrieroboterarms mit der Drehung linear steigt, ist die Beziehung

$$z_v = p \cdot \alpha_{P_K} + q \tag{5.12}$$

mit $\quad$ p,q = Konstante

$\qquad \alpha_{P_K}$ = Richtungswinkel der Polardarstellung von P_K relativ zu P_B

$\qquad z_v$ = z-Koordinate zum Vergleich,

aufzustellen. Über den Winkel und die z-Koordinate der Punkte P_1 und P_2 können die Konstanten p und q ermittelt werden. Nach der Aufstellung der Gleichung lassen sich die Kollisionsersatzpunkte P_{KE} bestimmen.

Für die z-Koordinatenwerte dieser Punkte gilt:

$$z_{P_{KE}} = z_{P_K} - (p \cdot \alpha_{P_K} + q) + R \tag{5.13}$$

mit $\quad z_{P_{KE}}$ = z-Komponente des Kollisionsersatzpunktes

$\qquad \alpha_{P_K}$ = Drehwinkel des Kollisionspunktes

$\qquad z_{P_K}$ = z-Koordinate des Kollisionspunktes

$\qquad$ R $\quad$ = Radius des Armersatzzylinders.

Ergeben sich hierbei für das Elementteil positive Werte, so ist eine Kollision möglich. Bei einem Vorzeichenwechsel muß der Punkt auf der Geraden zwischen P_{K_n} und $P_{K_{n+1}}$ errechnet werden, für den der Wert $z_{P_{KE}} = 0$ ist.

Für <u>Industrieroboter mit kugelförmigem Arbeitsraum</u> gibt es einen konstanten Basispunkt P_B, durch den die dritte Achse immer verläuft. Der Arm liegt bei der Bewegung von Startpunkt P_1 zum Endpunkt P_2 immer in einer Ebene, die durch die drei Punkte P_B, P_1 und P_2 bestimmt ist. Nun werden für die Kollisionspunkte, vergleichbar mit dem Vorgehen beim kartesischen Gerät, die Abstände zu der Ebene in Richtung $(0,0,1)$ errechnet und die z-Koordinaten der Punkte P_K durch diesen Abstand ersetzt. Kollisionsfreiheit tritt genau dann ein, wenn für alle Kollisionsersatzpunkte

$$z_{P_{KE}} < 0 \qquad \text{gilt.} \tag{5.14}$$

Tritt Vorzeichenwechsel bei $z_{P_{KE}}$ auf, so müssen auch hier die Durchstoßpunkte durch die Ebene errechnet und als neue P_{KE} aufgenommen werden.

Der <u>Gelenkindustrieroboter</u> zeichnet sich durch die Aufteilung des Armes in zwei Teile aus. Der innere Armteil verhält sich dabei wie bei einem Industrieroboter mit kugelförmigem Arbeitsraum. Um die Bewegung von P_1 nach P_2 durchzuführen, geht der Armknickpunkt von P_{Arm_1} nach P_{Arm_2}. Um den ersten Teil untersuchen zu können, wird eine Fläche durch P_B, P_{Arm_1} und P_{Arm_2} gelegt und wie beim Kugelgelenktyp die Kollisionsersatzpunkte P_{KE} errechnet. Der äußere Armteil macht eine erheblich komplexere Bewegung. Die Kollisionsuntersuchung mit diesem Armteil wird erst bei Kollisionsfreiheit mit dem inneren Teil durchgeführt. Für den äußeren Armteil wird die unter der Stellung α_{P_K} erreichte Position von P_{Arm} und P_{1a} berechnet (Bild 20). Um den Betrag von R_G versetzt, wird eine Gerade zur Berechnung der Vergleichskoordinaten bestimmt. Durch den Einfluß von Radius zu Mittelpunkt des Industrieroboters ergibt sich

$$z_{P_{KE}} = f(r_{P_K},\ \alpha_{P_K}) \tag{5.15}$$

mit $\quad z_{P_{KE}}$ = z-Koordinate des Kollisionsersatzpunktes

$\quad\quad r_{P_K}$ = Polarkoordinatenradius für P_E

$\quad\quad \alpha_{P_K}$ = Polarkoordinatenwinkel für P_K.

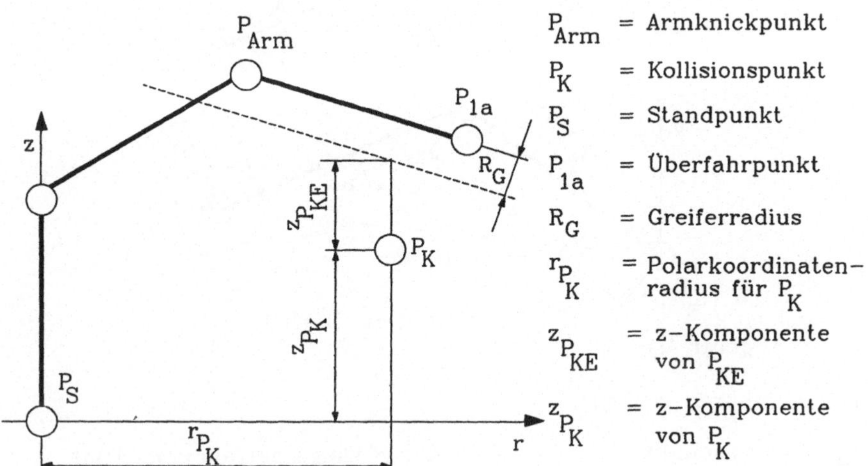

Bild 20: Errechnung von $z_{P_{KE}}$ bei einer Gelenkkinematik

Nach der Ermittlung von $z_{P_{KE}}$ wird auf Kollision geprüft. Entstehen Übergänge von $z_{P_{KE}} < 0$ auf $z_{P_{KE}} > 0$, so muß, da keine

geschlossene analytische Lösung möglich ist, über eine numerische Nullstellenbestimmung der Punkt für $z_{P_{KE}} = 0$ ermittelt
werden.

Der <u>Industrieroboter mit waagerechter Gelenkkinematik</u> hat,
vergleichbar mit der Vertikalkinematik, einen inneren und einen
äußeren Armteil. Beide bewegen sich mit $z = \text{const}.$

Zusätzlich befindet sich am Ende des äußeren Armteils eine
z-Achse mit dem Greiferradius R_G (Bild 21).

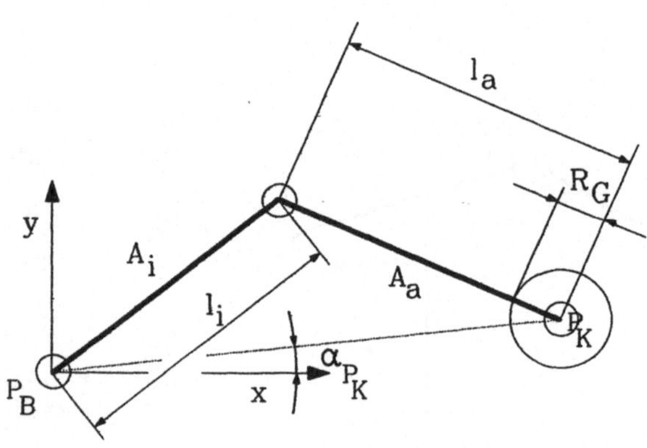

A_a = äußerer Armteil

A_i = innerer Armteil

P_B = Basispunkt l_a = Länge des äußeren Arms

P_K = Kollisionspunkt l_i = Länge des inneren Arms

R_G = Greiferradius α_{P_K} = Polarkoordinatenwinkel für P_K

Bild 21: Vereinbarungen des Waagerechtgelenkroboters

Für diesen Kinematiktyp ist

$$z_{P_{KE}} = f (\alpha_{P_K}) \qquad (5.16).$$

Es ergibt sich jedoch keine lineare Beziehung zwischen den beiden Größen. Somit wird für ein α_{P_K} die Achsstellung und daraus das $z_{P_{KE}}$ errechnet. Mit Hilfe von $z_{P_{KE}}$ werden die Kollisionsersatzpunkte gebildet, wobei ist bei Auftreten von positiven z-Koordinatenwerten Kollision nicht ausgeschlossen werden kann.

Beim Portalgerät werden die Punkte P_K , der nach dem Abstand zu der Bewegungsgeraden sortierten Elementteile, auf Abstand zu einer Ebene untersucht.

Diese Ebene wird beschrieben durch den Punkt

$$P_{Eb} = P_1 - (0,0,R_G) \qquad (5.17)$$

mit $\quad P_{Eb}$ = Punkt in der Ebene

$\qquad P_1$ = Startpunkt

$\qquad R_G$ = Radius des Greifers,

und durch den Normalvektor der Ebene

$$v_{nor_E} = (v_{1,2} \times (0,0,1)) \times v_{1,2} \qquad (5.18)$$

mit $\quad v_{nor_E}$ = Normalvektor der Ebene

$\qquad v_{1,2}$ = normierter Vektor von P_1 nach P_2 .

Beim Auftreten von positiven und negativen z-Koordinaten für P_{KE} müssen die Durchstoßpunkte der Kante durch die Ebene errechnet werden. Treten positive Werte auf, muß grundsätzlich mit Kollision gerechnet werden.

5.2.4   Reduktion auf den Überstreichungsbereich

Ist in der vorangegangenen Untersuchung ein Elementteil als
kollisionsgefährdet erkannt worden, so wird das ermittelte Teil
auf den durch die Bewegung überstrichenen Bereich der x-y-
Ebene untersucht. Auch diese Untersuchung ist nicht allge-
meingültig gehalten, sondern auf die speziellen Gegebenheiten
des Kinematiktyps angepaßt.

Beim <u>kartesischen Industrieroboter</u> zeigt sich eine sehr einfach
gestaltete Fläche (Bild 22). Diese ist begrenzt durch die Basisachse, die zur Basisachse lotrecht stehenden Geraden durch
Anfangs- und Endpunkt der Bewegung sowie die Gerade, die die
gefahrene Bahn kennzeichnet. Durch Einsetzen der x- und y-
Koordinatenwerte der Punkte P_{KE} in die entsprechende Geraden-
gleichung ist eindeutig bestimmbar, ob ein Punkt innerhalb oder
außerhalb des Überstreichungsbereiches liegt. Hierdurch läßt
sich eindeutig auf Kollision während der Bewegung schließen.
Tritt Kollision ein, so wird das Hindernis zur Vorbereitung der
Kollisionsvermeidung bereits jetzt auf den überstrichenen Bereich reduziert. Liegt das erkannte Hindernis nur teilweise in
dem überstrichenen Bereich, so kann aufgrund der Voraussetzungen nur die Bahn von P_1 nach P_2 das Hindernis schneiden. Es
wird der Teil des Hindernisses erhalten, der in dem überstrichenen Bereich liegt (Bild 22).

Hat sich beim <u>Zylinderkoordinatengerät</u> ein Elementteil ergeben, das Kollision verursachen könnte, so wird dieses darauf
untersucht, ob es innerhalb des während der Bewegung überstrichenen Bereichs liegt. Dieser ist begrenzt durch den Basispunkt P_B, der beiden Geraden zu den Punkten P_1 und P_2 sowie der Bahn von P_1 nach P_2, die beschrieben durch

$$r_{EB} = p \cdot \alpha_{P_Z} + q \quad \text{ist.} \tag{5.19}$$

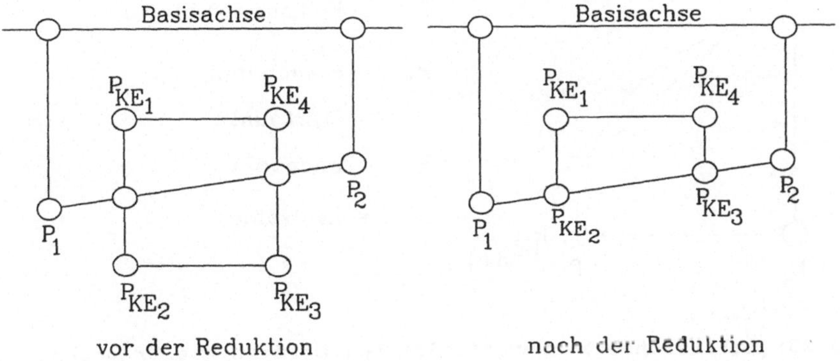

Basisachse

vor der Reduktion

nach der Reduktion

P_1 = Startpunkt

P_2 = Endpunkt

P_{KE_n} = Kollisionsersatzpunkt

Bild 22: Reduktion auf den von den Achsen überstrichenen Bereich beim kartesischen Industrieroboter

Liegt ein Punkt P_{KE} des Elementteils innerhalb des überstrichenen Bereichs, so tritt Kollision ein. Wie oben beschrieben, wird das Elementteil an der Bewegungsbahn abgeschnitten. Da für die Schnittpunktberechnung zwischen der Kante des Elementteils und der Bahn keine analytisch geschlossene Lösung existiert, wird mit einem neu entwickelten Iterationsverfahren der Schnittpunkt mit ausreichender Genauigkeit in meist zwei bis drei Schritten bestimmt. Der übrige Ablauf entspricht dem beim kartesischen Gerät.

Es wird nur dann eine auftretende Kollision nicht erkannt, wenn zwei aufeinanderfolgende Punkte P_{KE} außerhalb des Überstreichungsbereiches liegen und die geradlinige Verbindung diesen schneidet (Bild 23). Dieser Fall ist aufgrund des seltenen Auftretens und des relativ geringen Einflusses speziell in der Planungsphase und wegen der dafür notwendigen Rechenzeit ausgespart geblieben.

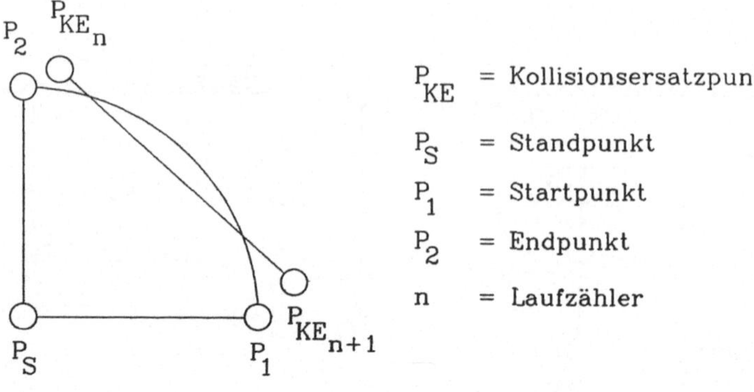

Bild 23: Kollisionserkennungsfehler bei Geräten mit Drehachse

<u>Geräte mit kugelförmigem Arbeitsraum</u> werden bei der Eingrenzung auf den Überstreichungsbereich wie Zylinderkoordinatengeräte behandelt. Der überstrichene Bereich, der bei der aktuellen Bewegung als kollisionsrelevant anzusehen ist, wird wieder begrenzt durch den Basispunkt P_B, den beide Geraden zu den Punkten P_1 und P_2 sowie der Bahn von P_1 nach P_2. Der Radius r_{EB}, von dem Bahnwinkel α_{P_Z} hat die Form

$$r_{EB} = c \cdot (\sin (a \cdot \alpha_{P_Z} + b)) + q + p \cdot \alpha_{P_Z} \qquad (5.20)$$

mit   a, b, c, p, q = Konstanten.

Mit dieser Beschreibung kann eine Kollision eindeutig erkannt werden. Zur Reduktion des Hindernisses auf den überstrichenen Bereich wird wie oben beschrieben verfahren.

Beim <u>Gelenkgerät</u> teilt sich die Untersuchung in zwei Abschnitte. Der erste gleicht dem Vorgehen bei der Kugelkinematik. Da dieser Arm keine x-Achse besitzt (p=0), reduziert sich die Darstellung der Bahn auf

$$r_{EB} = c \cdot (\sin (a \cdot \alpha_{P_Z} + b)) + q \qquad (5.21)$$

(vergl. Gleichung 5.20). Wurde für den inneren Armteil eine
kollisionsfreie Bewegung gefunden und sind für den äußeren die
Kollisionsersatzpunkte P_{KE} ermittelt worden, so wird mit der
Eingrenzung fortgefahren. Es ergibt sich für die überstrichene
Fläche, die zu untersuchen ist, als innere Begrenzung die
Grenzbahn des inneren Armteils, zwei geradlinige Begrenzungen
zu den Punkten P_1 und P_2, sowie eine äußere Begrenzung. Nun
werden die Punkte P_{KE}, die im vorausgegangenen Schritt ermittelt wurden, auf ihre Lage hinsichtlich dieses Bereiches
untersucht. Gibt es mindestens einen Punkt innerhalb, so bildet
das erkannte Elementteil ein Hindernis. Auch dieses muß auf die
überstrichene Fläche begrenzt werden. Da der innere Armteil bereits eine kollisionsfreie Bewegung ausführt, ist ein Schneiden
der inneren Begrenzung ausgeschlossen. Aufwendig ist die Reduktion an der äußeren Bewegungsbahn, einer Epizykloide. Auch
in diesem Fall lassen sich die Schnittpunkte mit der beim Zy-
linderkoordinatengerät eingesetzten Iterationsmethode ermitteln
und in die Kollisionsersatzpunkteliste einreihen.

Einen weiteren Spezialfall bildet die <u>waagerechte Gelenkkette</u>.
Sie zeichnet sich durch die Trennung in den Bereich der beiden
Armteile und den Bereich der z-Achse aus (Bild 24). Zunächst
wird überprüft, ob ein Elementteil, dargestellt durch die Kollisionsersatzpunkte P_{KE} innerhalb des überstrichenen Bereiches
liegt. Trifft dies zu, so wird zweitens überprüft, ob diese
vollständig innerhalb des Bereiches der Arme liegen. Ist das
der Fall und die Kollisionspunkte weisen eine z-Komponente
auf, die geringer ist als die Unterkante der Armteile, so ist
ebenfalls Kollisionsfreiheit gewährleistet. Tritt der Fall
ein, daß das Hindernis auch Kollision für die Armteile bedeutet, so ist ein Überfahren für den Bereich der Kollisionsvermeidungsstrategien zu sperren. Liegt das Hindernis über die Au-
ßenbegrenzung hinaus, so werden auch hier die Schnittpunkte mit
der Epizykloide in beschriebener Weise ermittelt und es verbleibt nur noch der Teil, der im Überstreichungsbereich liegt.

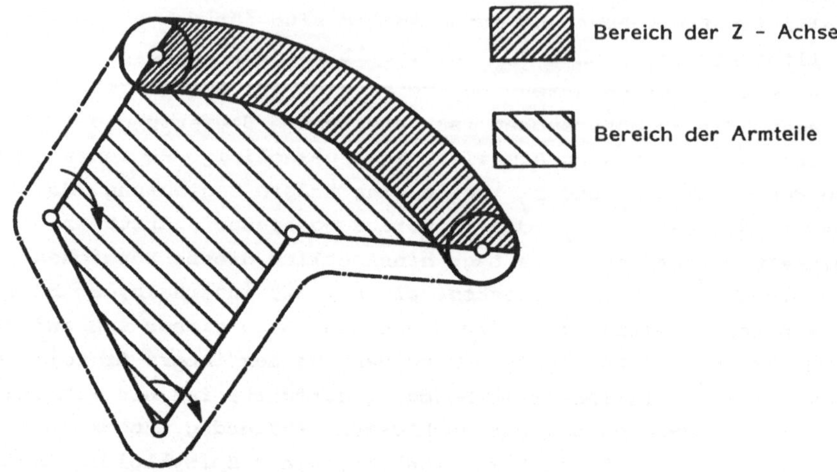

Bild 24: Bewegung der Waagerecht-Gelenkkinematik

Abschließend bleibt die Kollisionserkennung beim <u>Portalgerät</u>. Wie in Kapitel 5.2.3 angesprochen, handelt es sich um eine Schneise der Breite des doppelten Greiferradius (Bild 25).

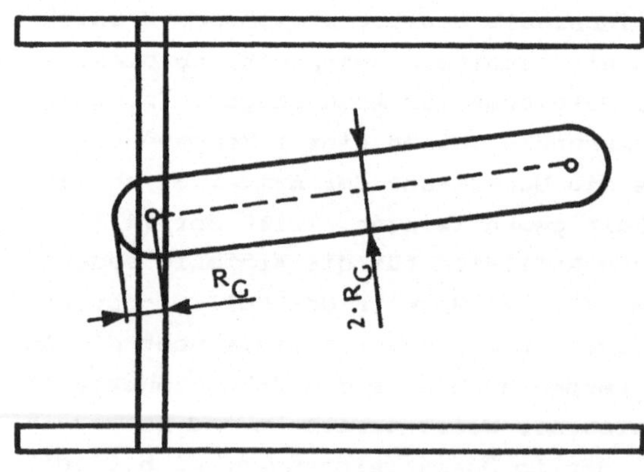

Bild 25: Kollisionsschneise des Portals

Die Begrenzungen sind zwei parallel zur Bahn verlaufende Geraden. Der Linienzug, gegeben durch die Punkte P_{KE}, wird auf Schnitt mit diesen Geraden untersucht. Tritt ein Schnitt auf, so wird der Schnittpunkt in die Liste eingetragen und Kollision wird erkannt. Liegen alle P_{KE} innerhalb der Schneise, wird ebenfalls auf Kollision erkannt, jedoch ist eine weitere Bearbeitung der Kollisionsersatzpunktliste nicht notwendig.

5.3 Kollisionsvermeidung

5.3.1 Grundlagen für die Kollisionsvermeidung

Grundlage für die Kollisionsvermeidung ist die Kollisionserkennung, bei der das zu Kollision führende Elementteil bereits bekannt und auf das über die Bewegungsebene herausragende Teil eingegrenzt wird. Es ist in seiner Höhe und Ausdehnung eindeutig durch die Kollisionsersatzpunkte P_{KE} beschrieben. Bei dem Kollisionsvermeidungsalgorithmus werden grundsätzlich zwei neue Vermeidungspunkte P_{1a} und P_{1b} ermittelt.

Der erste (P_{1a}) wird bestimmt, indem die Ersatzbahn (Kap. 5.1.2) in der x-/y-Ebene erhalten bleibt und die z-Komponente entsprechend dem Hindernis korrigiert wird. Ausnahmen bilden Geräte mit kugelförmigem Arbeitsraum, bei denen nur die zweite Achse eine neue Stellung erhält, die dritte Achse jedoch Sollstellung beibehält. Beim Gelenkroboter wird je nach Ausprägung des Hindernisses die Stellung des inneren bzw. äußeren Armteils verändert. Allgemein wird dieser Punkt als der Zwischenpunkt zum Überfahren des Hindernisses angesprochen.

Um den zweiten Kollisionsvermeidungspunkt (P_{1b}) zu ermitteln, wird die z-Koordinate der Ersatzbahn beibehalten, und die x-/y-Werte werden verändert. Dieses als Umfahren eines Hindernisses bezeichnete Verfahren wird bei Industrierobotern mit kartesischem oder zylindrischem Arbeitsraum, bei waagerechter Gelenkkinematik und Portalaufbau in der beschriebenen Form angewandt. Bei den Geräten mit kugelförmigem Arbeitsraum wird nur die dritte Achse aus der Sollposition herausgenommen. Beim Gelenkindustrieroboter kann das Verfahren bei Kollision des inneren Armteils nicht eingesetzt werden.

Bei der Berechnung der Zwischenpunkte wird grundsätzlich ein frei wählbarer Sicherheitsabstand eingeplant. Er dient dazu, Fehler, die bei der vereinfachten Darstellúng des Greifers entstehen, aufzufangen.

Nachdem für jeden Typ speziell die beiden Kollisionsvermeidungspunkte ermittelt sind, muß die Erreichbarkeit des neuen Punktes überprüft werden. Dies geschieht analog zur Erreichbarkeitsuntersuchung bei Anfangs- und Endpunkt einer Bewegung. So können die Fälle

- beide Punkte erreichbar,
- der Überfahrpunkt erreichbar,
- der Umfahrpunkt erreichbar oder
- kein Punkt erreichbar

auftreten.

Sind beide Punkte erreichbar, so wird einer von beiden für die weitere Betrachtung ausgewählt. Ist es nur ein Punkt, so wird dieser gewählt. Tritt der letzte Fall ein, so wird eine Warnung abgesetzt, daß eine Bahn um das Hindernis herum nicht gefunden werden konnte.

5.3.2 Bestimmung der Zwischenpunkte

Die Bestimmung der Zwischenpunkte zur Kollisionsvermeidung ist wieder spezifisch auf den Kinematiktyp des eingesetzten Industrieroboters abgestimmt.

Beim <u>kartesischen Industrieroboter</u> ist der erste Zwischenpunkt zum Überfahren abhängig von dem Punkt P_{KE} mit der größten z-Koordinate. Die z-Koordinate des zugehörigen Kollisionspunktes P_K bestimmt den z-Wert des Zwischenpunktes.

$$z_{P_{1a}} = z_{P_K} + R_G + S \qquad (5.22)$$

mit $\quad z_{P_{1a}}$ = z-Komponente des Zwischenpunktes

$\qquad z_{P_K}$ = z-Komponente des Kollisionspunktes

$\qquad S$ = Sicherheitsabstand.

Die x-/y-Werte errechnen sich aus der x-/y-Lage der Bahn.

Für den Zwischenpunkt zum Umfahren des Hindernisses wird aus der Menge der Kollisionsersatzpunkte P_{KE} der gewählt, der den geringsten Abstand zur Basislinie aufweist (Bild 26).

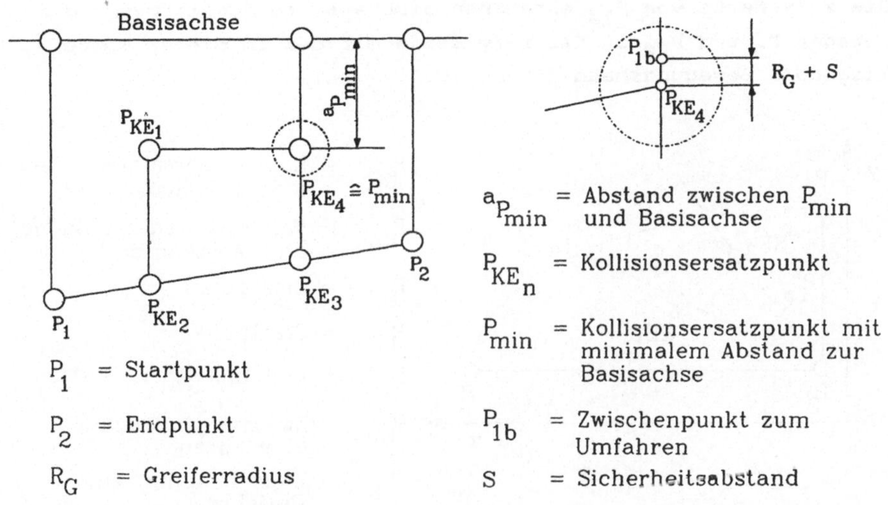

Bild 26: Kollisionsvermeidung durch Umfahren des Kollisionselementes

Die x-/y-Werte liegen auf der Geraden von Punkt P_{KE} zum dazugehörigen Basispunkt. Der Abstand von Punkt P_{KE} beträgt:

$$a_{P_{1b}} = R_G + S \qquad\qquad (5.23)$$

mit $\qquad a_{P_{1b}}$ = Abstand P_{1b} zu P_{KE_n}

$\qquad\qquad R_G$ = Greiferradius

$\qquad\qquad S$ = Sicherheitsabstand.

Beim <u>zylindrischen Industrieroboter</u> ist die Ermittlung der Zwischenpunkte vergleichbar mit dem Vorgehen beim kartesischen Typ. Bezugspunkt für den zu überfahrenden Zwischenpunkt P_{1a} ist erneut der Kollisionsersatzpunkt P_{KE}, für den die z-Komponente den höchsten Wert aufweist. Der z-Wert für den Punkt P_{1a} errechnet sich wie folgt:

$$z_{P_{1a}} = z_{P_K} + R_G + S \qquad\qquad (5.24).$$

Die x-/y-Werte von P_{1a} errechnen sich aus dem Schnittpunkt der Geraden P_B und P_{KE} in der x-/y-Ebene mit der in dieser Ebene liegenden Bewegungsbahn (Bild 27).

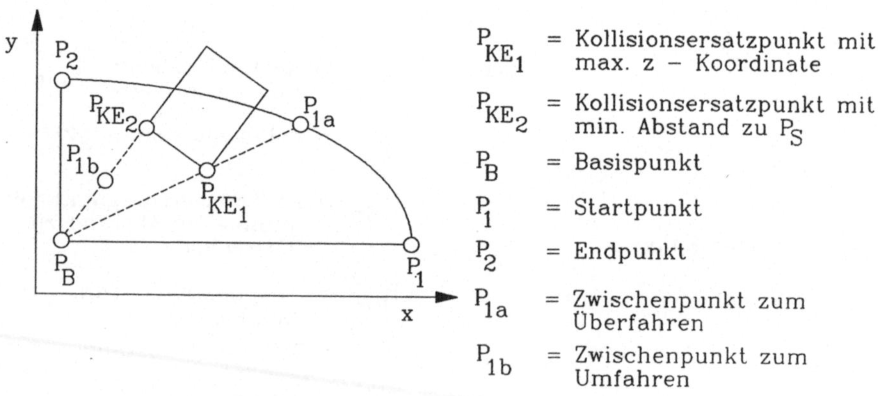

Bild 27: Kollisionsvermeidung beim zylindrischen
Industrieroboter

Um den Umfahrpunkt P_{1b} zu ermitteln, wird der Abstand P_B zu P_{KE_n} errechnet. Der Punkt mit dem minimalen Abstand ist Bezugspunkt für den Zwischenpunkt. Dieser liegt auf der Geraden von P_B nach P_{KE} zwischen den beiden Punkten. Der Abstand zu P_{KE} beträgt

$$a_{P_{1b}} = R_G + S \; . \tag{5.25}$$

Um den Überfahrpunkt P_{1a} bei <u>Geräten mit kugelförmigem Arbeitsraum</u> zu bestimmen, wird der Punkt P_{KE} gewählt, der den größten Winkel β_{KE} aufweist (Bild 28).

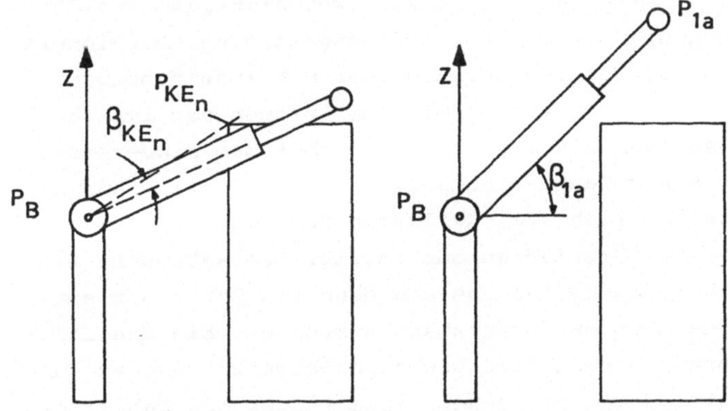

P_{KE_n} = Kollisionsersatzpunkte

β_{KE_n} = Vertikalwinkel zwischen der B-Achse und der Geraden P_B nach P_{KE_n}

Bild 28: Kollisionsvermeidung bei der Kugelkinematik

Der zugehörige Punkt P_K ermöglicht nun die Berechnung des neuen Winkels β_{1a}, der den Industrieroboterarm an dem Hindernis vorbeiführt. Die x-Achse wird in ihrem, ursprünglich für diesen Punkt der Bahn errechneten Zustand belassen. Somit kann über diese Angaben der Zwischenpunkt P_{1a} errechnet werden.

Für den Zwischenpunkt zum Umfahren eines Hindernisses wird zunächst ebenfalls der Kollisionsersatzpunkt P_{KE} ermittelt, der den geringsten Abstand zum Basispunkt P_B aufweist. Vergleichbar dem zylinderförmigen Industrieroboter werden die x-/y-Werte aus der Verbindung P_B nach P_K genommen. Der z-Wert für P_{1b} muß so bestimmt werden, daß bei den gegebenen x-/y-Werten der Punkt P_{1b} auf der Ebene, bestimmt durch die drei Punkte P_B, P_1 und P_2, liegt. Damit wird sichergestellt, daß nur die x-Achse zur Kollisionsverhinderung aus ihrer optimalen Stellung heraus bewegt werden muß.

Der <u>Gelenkindustrieroboter</u> mit seinen zwei Armteilen stellt besondere Bedingungen an die Kollisionsvermeidung. Der innere Armteil wird analog dem Industrieroboter mit kugelförmigem Arbeitsraum behandelt. Treten somit Kollisionen des inneren Armteils auf, so kann ein Zwischenpunkt über dem Hindernis gefunden werden. Ein Umfahren ist wegen der fehlenden Translationsachse nicht möglich. Bei Kollision des äußeren Armteils wird zuerst für das Überfahren der Kollisionsersatzpunkt mit der größten z-Komponente gesucht und dann ein Punkt der entsprechenden Höhe über der Ersatzbahn errechnet. Ein Greifen über ein Hindernis hinweg wird nicht in Betracht gezogen, da aufgrund der groben geometrischen Beschreibung die Fehler den Genauigkeitsgewinn bei weitem ausgleichen. Für das Umfahren des Hindernisses gilt die Verbindungslinie P_B-P_{KE} als Maßstab, wobei hier der Kollisionsersatzpunkt gewählt wird, der am dichtesten an P_B liegt. Mit diesen Angaben lassen sich die Punkte P_{1a} und P_{1b} entsprechend ermitteln (Bild 29). Ein nachträgliches Auftreten von Kollision des inneren Armteils mit einem Peripherieelement ist ausgeschlossen, da dieser Armteil sich bei der Ausweichbewegung nach oben bewegt.

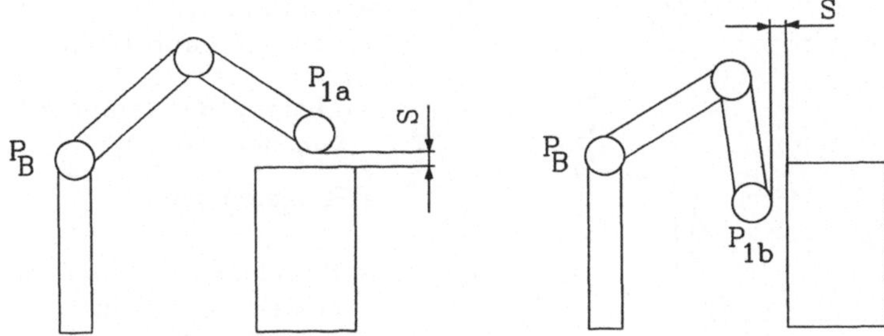

P_B = Basispunkt

P_{1a} = Zwischenpunkt zum Überfahren

P_{1b} = Zwischenpunkt zum Umfahren

S = Sicherheitsabstand

Bild 29: Gelenkkinematik, Kollision des äußeren Armteils

Die <u>waagerechte Gelenkkinematik</u> wird im allgemeinen wie ein Zylindergerät behandelt. Einziger Unterschied ist, daß der Überfahrpunkt aufgrund der vorhergehenden Betrachtung der Ausprägung der Hindernisse u.U. nicht verwendet werden darf.

Für die der Ermittlung der Zwischenpunkte P_{1a} und P_{1b} beim Einsatz eines <u>Portalgerätes</u> wird ebenfalls von P_{KE} ausgegangen. Zum Überfahren wird die Gerade bestimmt, die die Bewegungsbahn bei der Draufsicht schneidet und den größten Abstand zur Geraden P_1-P_2 in z-Richtung aufweist. Der x-/y-Wert für den Zwischenpunkt ist durch den Schnittpunkt gegeben; der z-Wert wird durch den zugehörigen Wert der Verbindung zwischen den Kollisionsersatzpunkten bestimmt. Er liegt, ebenso wie bei den anderen Kinematiktypen, um R_G + S höher. Zur Festlegung des Umfahrungspunktes P_{1b} wird von den Punkten des Elementteiles P_K ausgegangen. Hier werden die beiden Punkte P_K ausgewählt, die am weitesten links und rechts von der Ersatzbahn entfernt sind (Bild 30).

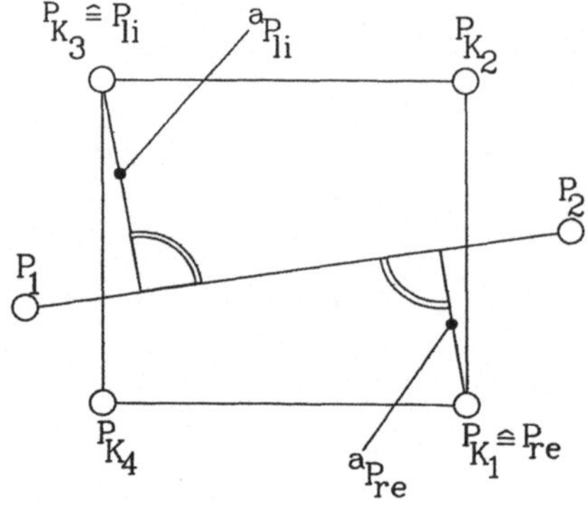

$^a P_{li}$ = Abstand des Punktes P_{li} von der Bahn $P_1 - P_2$

$^a P_{re}$ = Abstand des Punktes P_{re} von der Bahn $P_1 - P_2$

P_{K_n} = Kollisionspunkte

P_{li} = Punkt mit maximalem Abstand links zur Bahn $P_1 - P_2$

P_{re} = Punkt mit maximalem Abstand rechts zur Bahn $P_1 - P_2$

P_1 = Startpunkt

P_2 = Endpunkt

Bild 30: Abstand der Kollisionspunkte von der Bahn beim Portal

Von diesen beiden wird nun derjenige Punkt P_K gewählt, der den
geringeren Abstand zur Bahn aufweist. Dieser ist Bezugspunkt
für P_{1b}, wobei der Zwischenpunkt wieder den entsprechenden
z-Wert zugewiesen bekommt.

5.3.3   Auswahl des optimalen Weges

Wie oben beschrieben, werden von den Kollisionsvermeidungsalgorithmen je ein Zwischenpunkt zum Umfahren und zum Überfahren des Hindernisses errechnet. Eine anschließende Überprüfung
der Achsgrenzstellungen ergibt, ob beide, einer oder kein
Punkt, erreichbar ist.

Ist kein Punkt erreichbar, wird die Bearbeitung abgebrochen.
Ist nur ein Punkt erreichbar, so wird dieser in den Weg zwischen P_1 und P_2 eingefügt. Sind jedoch zwei Punkte erreichbar,

so wird bereits jetzt entschieden, welcher für die weiteren
Untersuchungen in Betracht kommt. Als Optimierungskriterium für
die Bahn, wird die Minimierung der Verfahrzeit des Industrieroboters von P_1 über den entsprechenden Zwischenpunkt nach P_2
zugrunde gelegt.Dieses Kriterium erscheint für die überwiegende
Anzahl der Industrierobotersysteme als das bestgeeignete.

6   3-D-Kollisionsbehandlungsverfahren

6.1   Vorarbeiten für das 3-D-Verfahren

6.1.1 Reduktion der Komplexität der Industrieroboter-Geometriebeschreibung

Das Industrierobotermodell, beschrieben durch ein Volumen-
Modell, verfügt über gekrümmte Oberflächen. Diese Flächen,
im wesentlichen Zylinder und Kegel, werden durch umschreibende
prismatische Ersatzkörper ersetzt (Bild 31). Diese Reduktion
betrifft nicht nur komplette Zylinderkörper, es werden auch ab-
gerundete Ecken und andere gekrümmte Flächen ersetzt. Für die
im folgenden beschriebenen Algorithmen müssen die den Industrieroboter beschreibenden Flächen eben sein, damit beim Ent-
langziehen auf Kreisbahnen gültige, mit dem Volumenmodell
verarbeitbare Flächen entstehen. Ist dies nicht der Fall, so
sind die Begrenzungen gerade Linien, die Basis für eine Facet-
tenfläche sind.

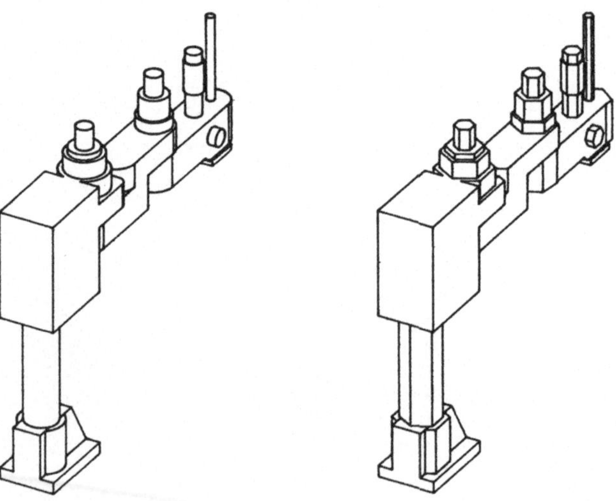

Bild 31: Vereinfachung der Geometrie des Industrieroboters

6.1.2 <u>Errechnung des Arbeitskollisionsvolumens</u>

Unter dem Arbeitskollisionsvolumen eines Industrieroboters soll
im weiteren das Volumen verstanden werden, das der Industrieroboter mit seinen Körpern bei Bewegungen maximal überstreicht.
Wie Bild 32 zeigt, weicht das Arbeitskollisionsvolumen vom
Arbeitsraum stark ab.

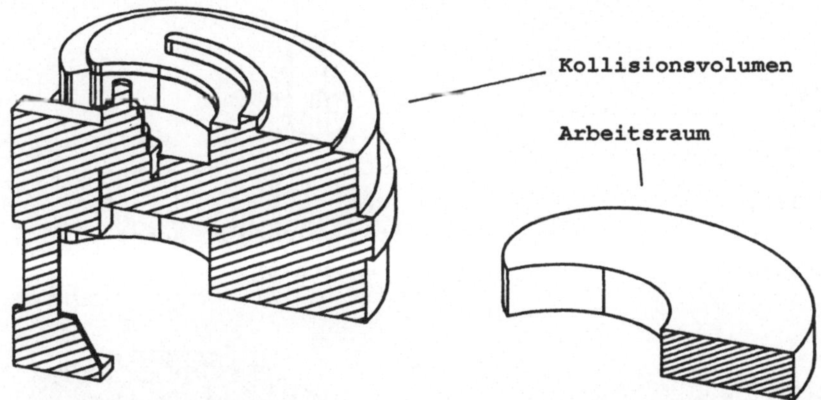

Bild 32: Vergleich des Kollisionsvolumens mit dem Arbeitsraum

Die Vorgehensweise zur Ermittlung des Arbeitskollisionsvolumens
kann wie folgt beschrieben werden. Beginnend mit der letzten
Achse, im Beispiel die dritte, wird das von dieser Achse über-
streichbare Volumen ermittelt (Bild 33.1). Bei dieser Achse
handelt es sich um eine translatorische Achse, beschrieben
durch den Richtungsvektor v = (0,0,-1) in bezug auf das Basiskoordinatensystem. Zusätzlich sind die Aufgaben über die Bewegungslänge in beiden Richtungen, ausgehend von der aktuellen
Nullstellung, gegeben.

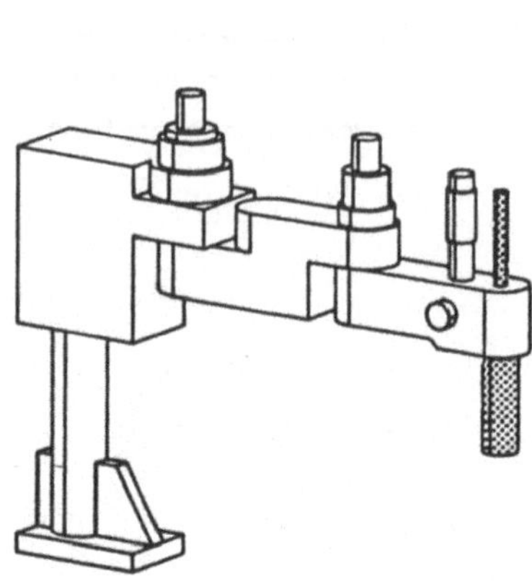

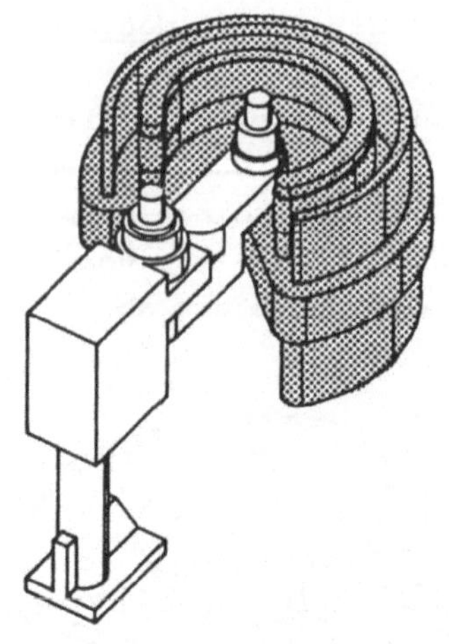

Bild 33.1:
Kollisionsvolumen 3. Achse
(Hubachse)

Bild 33.2:
Kollisionsvolumen 2. Achse
(Rotationsachse)

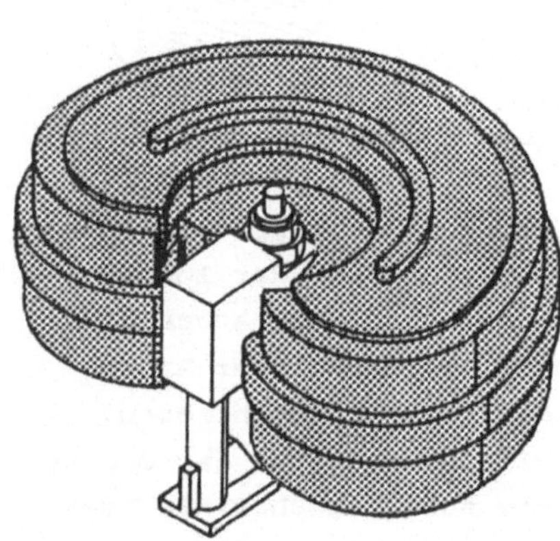

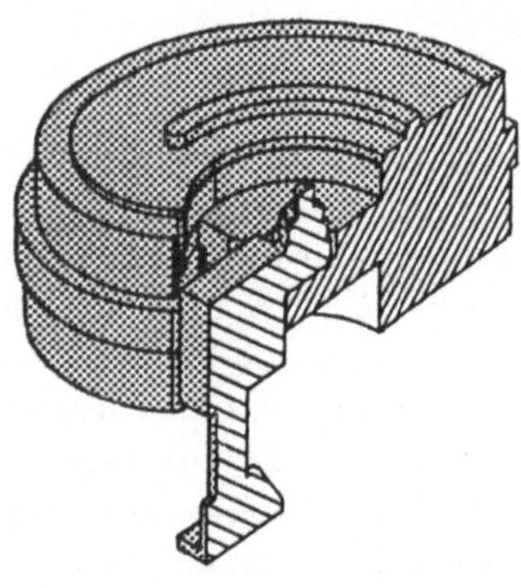

Bild 33.3:
Kollisionsvolumen 1. Achse
(Rotationsachse ohne Fuß)

Bild 33.4:
Kollisionsvolumen des
Industrieroboters mit Fuß

Bild 33: Generierung des Kollisionsvolumens eines
Industrieroboters

Um das Volumen zu erzeugen, werden die Flächen gewählt, für die
gilt

$$v_{nor_A} \cdot v_{nor_F} > 0 \qquad\qquad (6.1)$$

mit $\quad v_{nor_A}$ = Richtungsvektor (normiert) der
Translationsachse

v_{nor_F} = Normalvektor der Fläche.

Diese Flächen werden um den Betrag der Bewegungslänge in positiver Achsrichtung verschoben. Entsprechend wird für die negative Achsrichtung verfahren. Ausgewählt werden hier die Flächen, für die

$$v_{nor_A} \cdot v_{nor_F} < 0 \qquad\qquad (6.2)$$

gilt. Diese werden nun um den entsprechenden Betrag in negativer Richtung bewegt. Das erzeugte Volumen ist das Achskollisionsvolumen für die dritte Achse.

Anschließend wird dieser Körper mit dem der vorhergehenden Achse, in diesem Fall der zweiten, vereinigt. Um bei den anschließenden Operationen keine unzulässigen Flächen zu erhalten, werden sämtliche nicht ebenen Flächen wie oben beschrieben erneut durch ebene ersetzt.

Die zweite Achse ist eine Drehachse. Hierbei wird anders vorgegangen. Gegeben ist die Achse, durch einen Punkt auf der Achse (P_{Achs_2}) und der Richtung $v = (0,0,1)$.

Nun werden durch diesen Körper n Schnitte gelegt, wobei $n \geq 2$ sein muß. Durch Drehen der Schnittflächen ergeben sich Teilvolumen, die wieder zu einem Arbeitskollisionsvolumen vereinigt werden (Bild 33.2). Dieses Volumen, das sich durch Bewegen der Achsen zwei und drei ergibt, wird mit der Achse eins vereinigt

und die gekrümmten Flächen erneut durch ebene ersetzt. Bei der
Achse eins, wiederum eine Rotationsachse, wird analog zu Achse
zwei verfahren (Bild 33.3). Als Abschluß wird der feststehende
Sockel mit dem entstandenen Arbeitskollisionsvolumen vereinigt
(Bild 33.4).

Der erzeugte Körper beschreibt den gesamten Zustandsraum, in
dem sich die Achsen des Industrieroboters befinden können. Die
Berechnung des Arbeitskollisionsvolumens ist sehr rechenzeit-
intensiv und wird deshalb nur einmal für jeden Typ durchgeführt. Der große Vorteil dieser Vorarbeit ist, daß innerhalb
kurzer Zeit die Peripherieelemente ermittelt werden können, die
kollisionsrelevant sind. Damit wird bei der Kollisionserkennung
spezifischer Bahnen sehr viel mehr Rechenzeit eingespart als
einmalig zur Generierung aufgewendet wurde.

6.1.3 <u>Ersatzbahngenerierung</u>

Entsprechend dem Vorgehen bei der Bildung einer Ersatzbahn für
das 2 1/2-D-Verfahren, ist ein vergleichbares Vorgehen auch bei
der 3-D-Betrachtung notwendig. Hierbei werden aber nicht nur
die Grundachsen in die Betrachtungen einbezogen, sondern auch
die Handachsen bis insgesamt sechs Achsen. Als Einschränkung
bleibt, daß die Achsverlängerungen der Handachsen sich in einem
Punkt schneiden müssen.

Geräte mit versetzten Achsen sind in einem allgemeinen System
nicht sinnvoll zu behandeln. Aufgrund der mit dem Achsversatz
auftretenden Mehrdeutigkeit der Stellungen, ist ein Modell für
die Rücktransformation, welches weitgehend mit der Steuerung in
Einklang stehen soll, allein basierend auf der Information über
die Kinematik des Industrieroboters unmöglich. Sollte ein ent-
sprechendes Gerät doch untersucht werden, so muß dieser Teil
des Programmes entweder von den Steuerungsherstellern selbst
mitgeliefert oder speziell entworfen werden.

Zur Ermittlung der Ersatzbahn im speziellen wird wieder derselbe Geschwindigkeitsverlauf zugrunde gelegt, wie dies bereits
bei dem 2 1/2-D-Verfahren Anwendung fand. Alle Achsen werden
beschleunigt bis T_1, haben konstante Geschwindigkeit bis T_2 und
werden dann wieder abgebremst (Bild 15).

Wird eine Bahn vorgegeben, so wird keiner der Ersatzbahnalgo-
rithmen angewendet, sondern der TCP bewegt sich auf dieser
Bahn. Dies bedeutet eine laufende Rückrechnung von der vorgegebenen Bahn auf die aktuellen Achsstellungen. Für die Kollisionskontrolle werden die Bewegungen der einzelnen Achsen ebenfalls generiert.

6.2 Kollisionsermittlung

6.2.1 Kollisionsschlauchgenerierung

6.2.1.1 Ermittlung der momentanen Drehachse

Das verwendete Programmsystem läßt ein Verschieben von Flächen
zur Volumenerzeugung auf beliebigen Bahnen nicht zu. Deshalb
wird die Bewegung einer Industrieroboterachse im Raum in einzelne Teilbewegungen aufgeteilt. Die aktuelle Teilbewegung
wird dargestellt durch den Geschwindigkeitsvektor v_B und die
momentane Drehachse, bestimmt durch den Mittelpunkt P_M und einen Richtungsvektor (Bild 34). Diese theoretische Bewegung
weicht von der Sollbahn ab. Um die Abweichung der beiden Bewegungen voneinander ermitteln zu können, wird die Bewegung des
Schwerpunktes des aktuellen Körpers analysiert. Die Abweichung
bestimmt die Schrittweite für die Bewegung und den aktuellen
Momentanpol. Als sinnvolle Größe für diese Abweichung hat sich
der Wert

$$a_{B_S} = 5 \text{ mm} \tag{6.4}$$

erwiesen. Der Wert entspricht im wesentlichen der Aussagesicherheit des Kollisionserkennungsalgorithmus. Für spezielle
Anwendungen kann der Grenzabstand mit negativen Auswirkungen
auf die Rechenzeit verringert werden. Reichen gröbere Aussagen
über das Kollisionsverhalten aus, so kann der Abstand auf 10 -
20 Millimeter vergrößert werden.

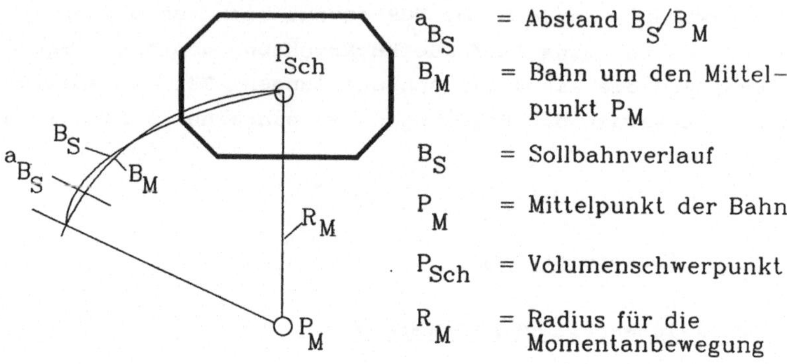

Bild 34: Generierung der Kreisbewegung eines Industrie-
roboterachskörpers bezüglich eines Momentanpoles

6.2.1.2 Auswahl der Flächen für den Kollisionsschlauch

Der Industrieroboter ist, wie bereits beschrieben, auf eine
Darstellung mit ausschließlich ebenen Flächen reduziert wor-
den. Dadurch wird es möglich, eindeutig diejenigen Flächen zu
ermitteln, die in Richtung des momentanen Bewegungsvektors des
Körpers zeigen (Bild 35). Dazu wird bei einer translatorischen
Bewegung das Skalarprodukt zwischen den Normalvektoren der
Flächen v_{nor_F} und dem Geschwindigkeitsvektor der Bahn v_B ge-
bildet.

Ausgewählt werden alle Flächen, für die gilt

$$v_{nor_F} \cdot v_B > 0 \qquad (6.3).$$

Sind rotatorische Bewegungen zu untersuchen, so wird zunächst das
Vektorprodukt aus dem Richtungsvektor der momentanen Drehachse
v_{P_M} und dem Vektor zwischen dem Mittelpunkt der Bahn P_M sowie
eines Eckpunktes der betrachteten Fläche P_F gebildet. Diese
Vektoren werden für alle Eckpunkte der Fläche ermittelt.

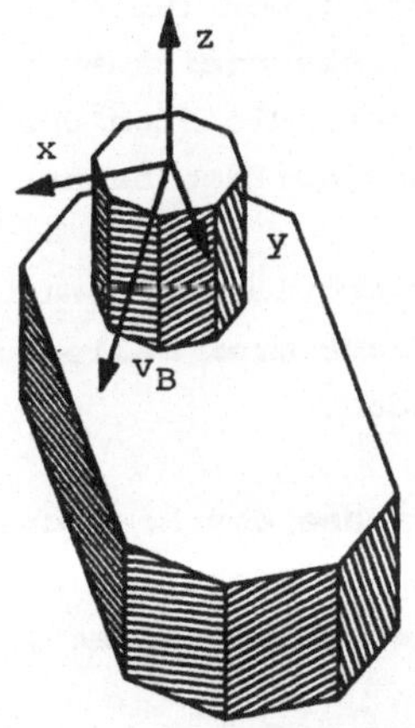

Ist das Skalarprodukt zwischen
einem dieser Vektoren und dem
Normalenvektor der Fläche größer
als Null, so wird die Fläche für
die weiteren Untersuchungen ausgewählt. Damit sind genau die
Flächen erkannt, die zur Bildung
des Kollisionsschlauches beitra-
gen. Unter Kollisionsschlauch
wird das vom Achsvolumen bei
einer Bewegung überstrichene
Volumen verstanden.

Bild 35: Ausgewählte Flächen
zur Generierung eines
Kollisionsschlauches

6.2.1.3 Ermittlung des Kollisionsschlauches

Als Grundlage für die Generierung des Kollisionsschlauches sind
folgende zwei Bewegungstypen zu berücksichtigen:

- die translatorische Bewegung und
- die rotatorische Bewegung.

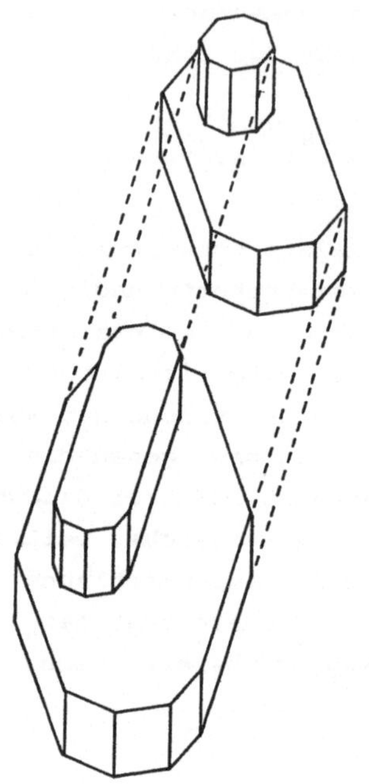

Bild 36: Übergang vom Achsvolumen zum Kolli-
sionsschlauch,
basierend auf einer
linearen Bewegung

Ist die Bewegung translatorisch,
so wird kein Momentanpol ermittelt. Die gewählten Flächen werden entlang des Vektors verschoben. Somit entsteht ein
der Sollbewegung entsprechender
Kollisionsschlauch (Bild 36).
Dieser ist gekennzeichnet durch
ebene Flächen, die sich durch das
Verschieben gebildet haben.

Bei der rotatorischen Bewegung
sind insgesamt drei Fälle zu
unterscheiden:

- die Drehachse der Bewegung
  liegt in der Ebene, in der die
  betrachtete Fläche liegt,

- die Drehachse und die aktuell
  betrachteten Kanten sind par-
  rallel oder stehen senkrecht
  aufeinander,

- die Drehachse und eine Kante
  der Fläche stehen schräg zuein-
  ander.

Im ersten Fall ist es möglich, die Flächen um den vorgegebenen
Winkel zu drehen und das überstrichene Volumen direkt zu ermit-
teln. Als Grenzflächen entstehen ausschließlich Zylinder und
Kegelflächen, die dann weiter verarbeitet werden können.

Liegt die Fläche und die momentane Drehachse des Momentanpols nicht in derselben Ebene, so kann erfüllt sein:

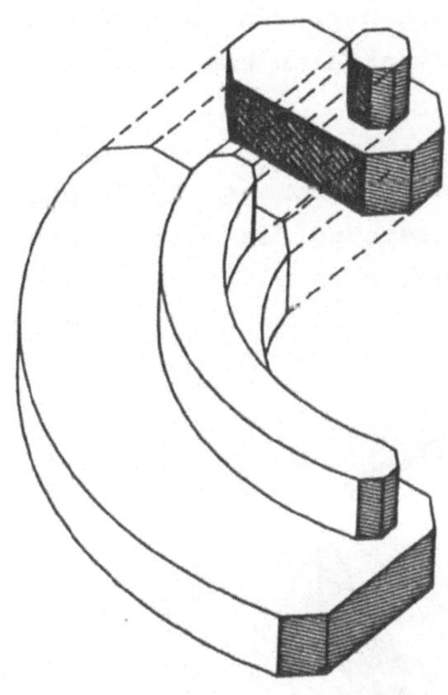

Bild 37: Kollisionsschlauch, basierend auf einer rotatorischen Bewegung

alle an die Fläche angrenzenden Kanten stehen parallel oder senkrecht zu der Achse. In diesem Fall ergeben sich beim Drehen der Kanten um den Momentanpol wieder ausschließlich ebene und zylindrische Flächen, die zu einem Körper zusammengesetzt werden können (Bild 37).

Der dritte auftretende Fall ist dadurch gekennzeichnet, daß die Bedingung der senkrecht und parallel zur Drehachse stehenden Ecken nicht erfüllt ist. Die sich durch Drehung um den Momentanpol ergebende Fläche ist analytisch im verwendeten Volumenmodell nicht mehr zu beschreiben und zu verarbeiten.

Dazu muß eine zweite Näherung angewendet werden. Dargestellt werden kann die Fläche entweder in Form einer Bézierdarstellung oder durch eine Reihe von Dreiecksflächen. Im entwickelten Algorithmus wird ein Eckpunkt in Schritten um die momentane Drehachse gedreht (Bild 38) und zwischen den entsprechenden Endpunkten werden Dreiecksflächen generiert, die im Volumenmodell erfaßt und zu Körpern zusammengesetzt werden. Die Verwendung von Dreiecksflächen ermöglicht später den Einsatz der verfügbaren Durchdringungsalgorithmen.

Durch die Betrachtung der Bewegung ist es möglich, den Kollisionsschlauch für eine Teilbewegung zu generieren. Der gesamte Kollisionsschlauch für eine Bewegung setzt sich aus einer Anzahl von Volumina zusammen.

Dieses Verfahren wird für alle zum Industrieroboter gehörigen Achsen angewandt. Damit ist eine Beschreibung des während der Bewegung überstrichenen Volumens verfügbar.

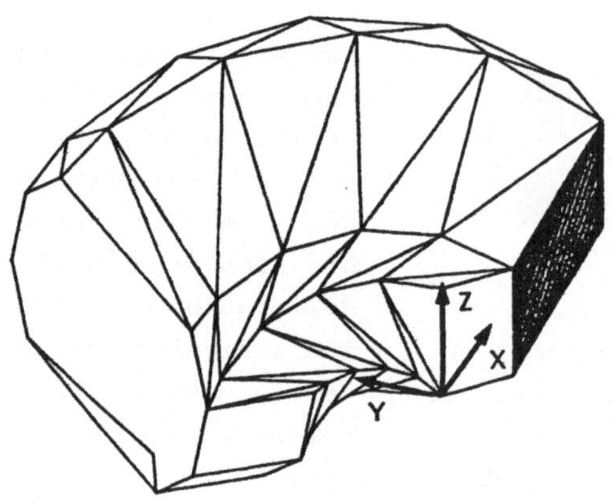

Bild 38: Kollisionsschlauch bei schräg zur Drehachse stehender Ecke

6.2.2   Kollisionsgefährdete Peripherie

Die Eingrenzung der Peripherie auf die kollisionsgefährdeten Teile ist abhängig von der Layoutgestaltung des Industrierobotersystems. Die aktuelle Bewegung wird hierdurch nicht beein-

flußt. Ausgangspunkt ist das Arbeitskollisionsvolumen
(Kap. 6.1.2), das auf Durchdringungen mit Peripherieelementen
untersucht wird. Hierbei werden die Peripherieelemente ermittelt, die bei einer Bewegung u. U. zu Kollisionen führen könn-
ten.

Diese Voruntersuchung dient einzig der Reduktion der Rechenzeit, die zur Kollisionsvermeidung mit Hilfe der 3-D-Darstel-
lung notwendig ist.

6.2.3   <u>Schnitt zwischen Kollisionsperipherie</u>
        <u>und Kollisionsschlauch</u>

Wie oben beschrieben, wurde der für die Bewegung generierte
Kollisionsschlauch ermittelt. Er steht somit entweder als
Volumen- oder als Flächenmodell zur Verfügung. Die Flächen des
Kollisionsschlauches werden auf Durchdringungen mit den kollisionsgefährdeten Peripherieelementen untersucht. Zum Einsatz
kommen die von dem Romulus-System bereitgestellten Algorithmen. Hierbei ergeben sich u.U. Kollisionen mit einem oder mehreren Körpern. Eine Reihenfolge für die Untersuchung wird
nicht gebildet. Zum Ende der Untersuchung sind die Kollision
verursachenden Peripherieelemente für die Weggenerierung erkannt.

6.3   Kollisionsvermeidung

6.3.1   Betrachtung der Kollisionselemente

6.3.1.1 Projektion der Kollisionselemente

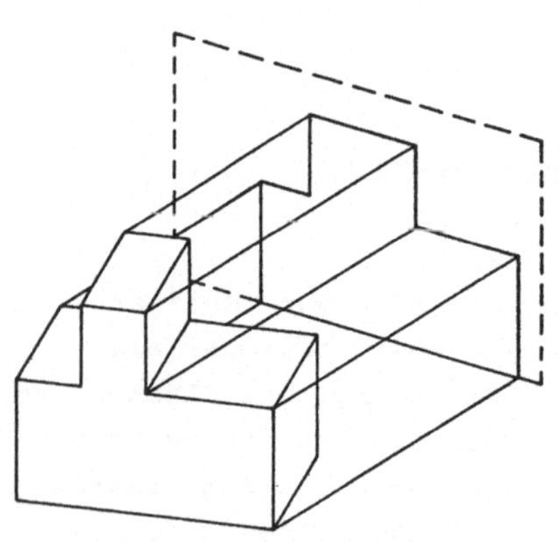

Bild 39: Kollisionsschatten
bei translatorischer
Bewegungsart

Um die Kollisionsvermeidung vorzubereiten, muß zunächst das ermittelte Kollisionselement auf eine Ebene projiziert werden. Durch die Reduzierung der Geometriebeschreibung auf zwei Dimensionen vereinfacht sich die Ermittlung der Kollisionsvermeidung. Bei der Projektion wird abhängig von der Bewegungsart - translatorisch oder rotatorisch - in zwei Vorgehensweisen getrennt.

Bei einer translatorischen Bewegungsart ist die Fläche, auf die das Element projiziert wird, eine Ebene, deren Normalvektor parallel zum Geschwindigkeitsvektor der Ersatzbahn liegt. Somit ergibt sich eine zweidimensionale Abbildung, der sogenannte Kollisionsschatten (Bild 39).

Der Kollisionsschatten für rotatorische Bewegungen wird nach einem anderen Verfahren ermittelt. Hierzu wird eine Abbildungsebene senkrecht zur Bahn des Industrieroboters gewählt, der Durchdringungspunkt der Bahn durch die Ebene wird zum Ursprung eines relativen Koordinatensystems. Die für den Kollisionsschatten benötigten Koordinatenwerte werden aus der relativen Lage des Kollisionspunktes zum aktuellen Bahnpunkt ermittelt. Dazu wird eine zweite Ebene so gewählt, daß der Kollisionspunkt P_K in der Ebene liegt und der Normalvektor der Ebene parallel zum momentanen Geschwindigkeitsvektor v_B ist.

Die sich aus der Position des Punktes P_K relativ zum Durchstoßpunkt durch die Ebene ergebende Position, wird zur Generierung des Kollisionsschattens verwendet (Bild 40).

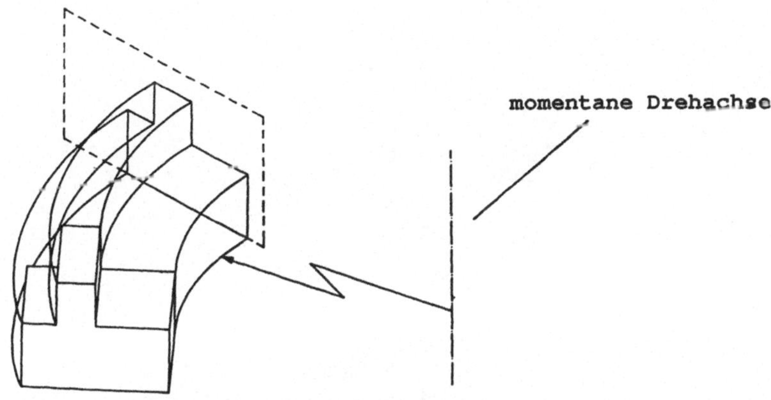

Bild 40: Kollisionsschatten bei der Kinematik mit rotatorischer Grundachse

6.3.1.2 Ermittlung der Menge der möglichen Ausweichpunkte

Der, aus den zur Kollision beitragenden Peripherieelementen ermittelte, Kollisionsschatten bezüglich des Endpunktes der kinematischen Kette des Industrieroboters bestimmt die möglichen Ausweichpunkte P_{1a}. Für diese muß gelten :

- P_{1a} muß erreichbar sein, ohne
  Grenzlagenüberschreitung der einzelnen Achsen und
- P_{1a} muß kollisionsfrei erreichbar sein.

Hier müssen die Punkte bestimmt werden, die die beiden Bedingungen erfüllen. Um den notwendigen Mindestabstand zwischen Kollisionselement und Industrieroboter zu bestimmen, werden zunächst die Kordinatenwerte der Kollisionsschattenpunkte mit dem Kollisionsabstand der Handachse und des aktuellen Greifers verrechnet.

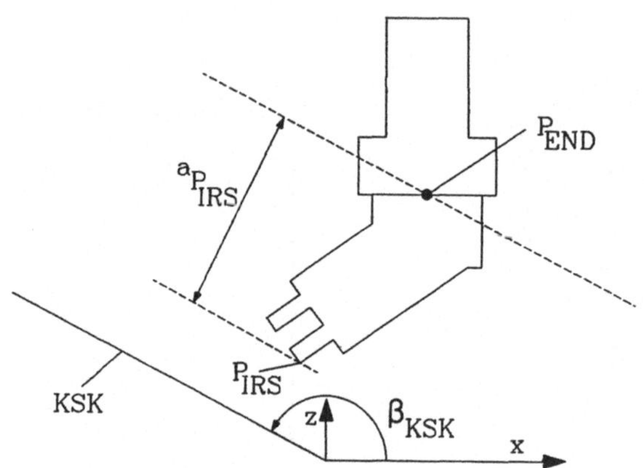

P_{IRS} = Punkt des Industrieroboterschattens

P_{END} = Endpunkt der kinematischen Kette

KSK = Kollisionsschattenkante

Bild 41: Ermittlung des maximalen Abstandes zwischen einem Industrieroboterschattenpunkt und der Ersatzbahn

Um den Kollisionsabstand zu bestimmen, wird zunächst die Richtung der zu betrachtenden Kollisionsschattenkante, gekennzeichnet durch den Richtungswinkel β_{KSK}, ermittelt. Basierend auf dem Winkel wird der Punkt des Industrieroboterschattens P_{IRS} mit dem größten Abstand $a_{P_{IRS}}$ ausgewählt (Bild 41).

Es gilt die folgende Beziehung:

$$a_{P_{IRS}} = f(\beta_{KSK}) \tag{6.6}$$

mit $\quad\beta_{KSK}$ = Vertikalwinkel der Kollisionsschattenkante

$a_{P_{IRS}}$ = Abstand P_{IRS} zu P_{END} senkrecht zur
Schattenkante.

Durch diese Beziehung lassen sich in einem weiteren Schritt
mögliche Ausweichpunkte bestimmen, wobei der Mindestabstand zur
Kollisionsschattenkante a_{min} einbezogen werden muß (Bild 42).
Liegt eine nach außen zeigende Kollisionsschattenecke vor (Bild
43 bei P_{KS_1}), so werden zwei Ausweichpunkte rechtwinklig zu den
Geraden bestimmt. Zeigt der Schattenpunkt in den Kollisions-
schatten hinein, so wird der Ausweichpunkt gewählt, dessen
Winkel zu beiden Geraden hin gleich ist. Durch Verbinden der
Ausweichpunkte mit Geraden bzw. Verlängern der Geraden zu einem
Schnittpunkt, ist die Menge der Punkte gefunden, die zur Kolli-
sionsvermeidung am betrachteten Peripherieelement führt
(Bild 43).

Die ermittelten Ausweichpunkte zum Kollisionsschatten P_{AKS}
werden mit der Rücktransformation des betreffenden Kollisions-
schattenpunktes transformiert. Durch fiktives Anfahren der
Punkte wird diese Menge noch durch die nicht erreichbaren
Positionen aufgrund von Achsgrenzlagen und/oder aufgrund von
Kollisionen eingegrenzt. Erfüllt ein Punkt eine der Bedingungen
nicht, so wird auch die Punktmenge auf der angrenzenden Geraden
nicht weiter untersucht.

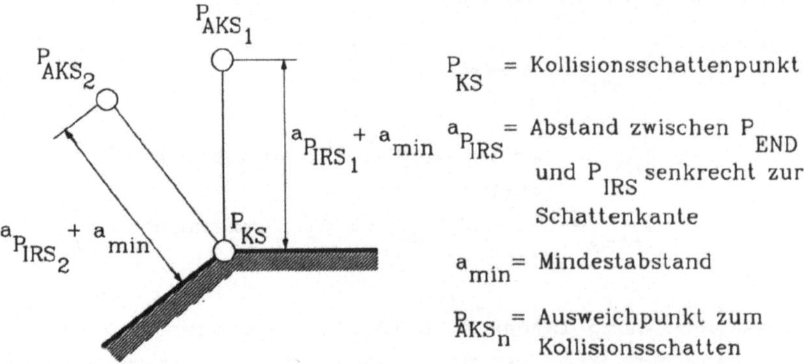

Bild 42: Bestimmung von Ausweichpunkten bezüglich des Kollisionsschattens

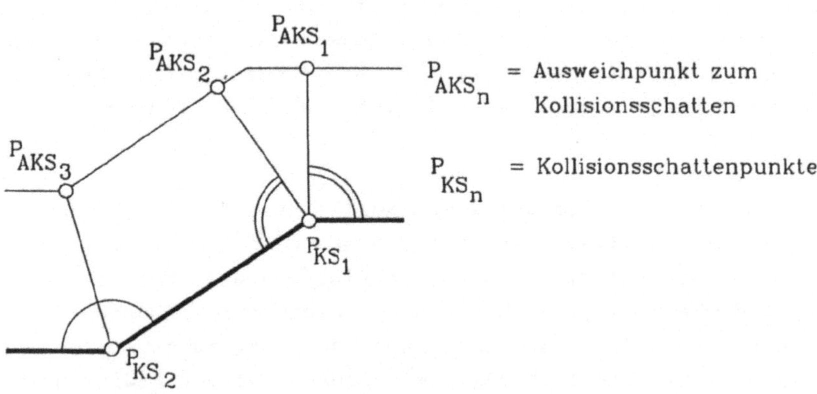

Bild 43: Bestimmung der Menge möglicher Ausweichpunkte

Abschließend sind die zur Kollisionsvermeidung sinnvoll anzufahrenden möglichen Ausweichpunkte beschrieben. Treten mehrere Kollisionselemente bei der Kollisionserkennung auf, so wird die Vorgehensweise analog auf die übrigen angewendet.

6.3.2 Errechnung des Ausweichpunktes

Aus der Menge der Ausweichpunkte lassen sich die Punkte bewerten nach Abstand zwischen Ausweichpunkt $a_{P_{AKS}}$ und Ersatzbahn und dem Winkel $\alpha_{P_{AKS}}$ (Bild 44).

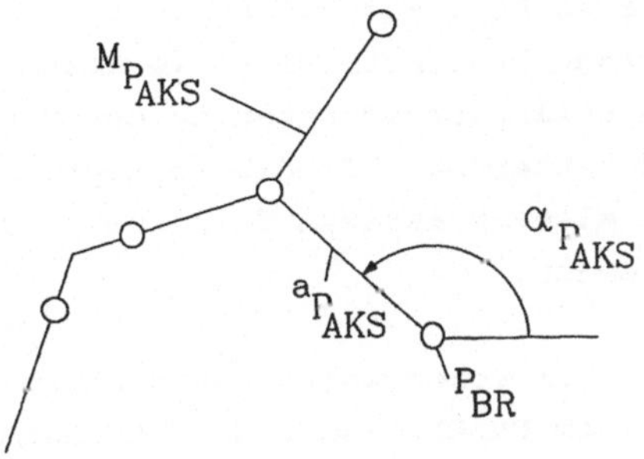

P_{BR} = Bahnreferenzpunkt

P_{AKS} = Ausweichpunkt zum Kollisionsschatten

$\alpha_{P_{AKS}}$ = Winkel

$a_{P_{AKS}}$ = Abstand P_{AKS} zu P_{BR}

$M_{P_{AKS}}$ = Menge der Ausweichpunkte zum Kollisionsschatten

Bild 44: Bewertung der Ausweichpunkte durch $a_{P_{AKS}}$ und $\alpha_{P_{AKS}}$

Hat sich nur ein Kollisionsperipherieelement ergeben, so wählt man den Punkt aus der Menge, der den geringsten Abstand zur Ersatzbahn aufweist. Dieser Punkt orientiert sich am Kollisionspunkt. Drei unterschiedliche Fälle treten auf:

- **der gewählte Punkt wurde ermittelt aus einem Punkt des Peripherieelements,**

- **der gewählte Punkt wurde ermittelt aus dem Schnitt zweier Geraden,**

- der gewählte Punkt wurde ermittelt aus einem
  Geradenpunkt.

Im ersten Fall kann der Ausweichpunkt P_A, wie oben beschrieben, durch Zurückrechnen auf den Elementpunkt P_E bestimmt werden.

Im zweiten Fall werden die beiden Punkte auf der Ausgangsgeraden bestimmt, die den Schnittpunkt bestimmen. Für diese beiden Punkte werden die Ebenen, wie in Kap. 6.3.1.1 beschrieben, ermittelt. Die Ausweichpunkte werden bestimmt durch die Transformation des Ausweichpunktes im Kollisionsschatten um den Momentanpol der Bewegung von der Schattenebene in die angesprochenen beiden Ebenen. Man erhält also im zweiten Fall zwei Ausweichpunkte für ein Kollisionselement.

Im dritten Fall wird wie im Fall zwei vorgegangen. Betrachtet wird jedoch nur eine Kante mit einem Punkt, womit das Ergebnis ein Ausweichpunkt ist.

Abschließend werden die Ausweichpositionen erneut auf Kollisionsfreiheit überprüft. Treten doch aufgrund der Linearisierung zwischen den Ausweichpunkten P_A Kollisionen auf, wird nach dem nächstmöglichen Ausweichpunkt gesucht. Dazu wird der Abstand zur Ersatzbahn schrittweise vergrößert.

Ist mehr als ein Kollisionselement zu untersuchen, so wird eine Analyse von Abstand α_{P_A} und Winkels $\alpha_{P_{AKS}}$ angestellt, so daß

$$\sum_{n=1}^{k} (a_{P_{A_n}} + a_{P_{A_{n+1}}}) \cdot ((\alpha_{P_{A_n}} - \alpha_{P_{A_{n+1}}}) + 1) \tag{6.7}$$

mit a_{P_A} = Abstand des Ausweichpunktes zur Ersatzbahn

        α_{P_A} = Winkel zwischen dem Vektor (x, y, 0) senkrecht
                 auf dem Geschwindigkeitsvektor der Bahn v_B und
                 dem Vektor vom Referenzpunkt zum Ausweichpunkt P_A

        n   = Laufzähler

        k   = Anzahl der zu betrachtenden Kollisionelemente

ein Minimum aufweist.

Mit diesen Informationen können dann, wie oben beschrieben, die
Ausweichpunkte bestimmt werden.

6.4   Generierung der Gesamtbahn

Am Schluß steht die Generierung der neuen Bahn. Dazu werden
die übermittelten Ausweichpunkte in die Bewegung einbezogen.
Dies bedeutet noch immer nicht eine zwangsläufig kollisionsfreie Bahn. Dadurch, daß insbesondere bei komplexen Kolli-
sionselementen die Ersatzbahn bei diesem Vorgehen in mehrere
Segmente durch Ausweichpunkte unterteilt wird, ist die Wahrscheinlichkeit der Kollisionsfreiheit erheblich höher als bei
der 2 1/2-D-Methode (Kap. 5).

Um die Kollisionsfreiheit der Segmente der Bahn sicherzustel-
len, werden diese erneut auf Kollisionsfreiheit untersucht.
Treten bei der Kollisionskontrolle einzelner Bahnsegmente erneut Kollisionen auf, so wird durch die Kollisionsvermei-
dungsstrategie das betrachtete Bahnteil weiter aufgeteilt.
Abschließend ergibt sich eine Bahn, beschrieben durch die
Stützpunkte, die kollisionsfrei ist.

7   <u>Vergleich und Benutzung der beiden Kollisions-
behandlungsverfahren</u>

7.1   <u>Für den Vergleich verwendete Elemente</u>

Durch den Vergleich sollen die in der Verfahrensdarstellung angesprochenen Vor- und Nachteile aufgezeigt werden. Basis bildet
der Industrieroboter der Fa. Manutec Typ A1 (Bild 45).

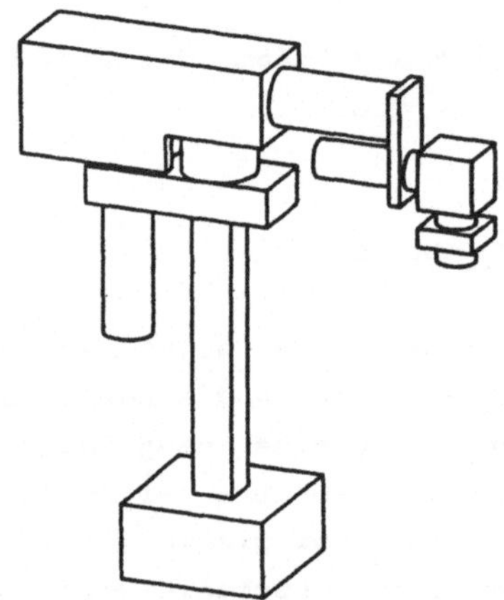

Bild 45: Graphische Darstellung des Industrieroboters

Um die Reaktionen der beiden Verfahren systematisch nachbilden
zu können, wird ein quaderförmiges Kollisionselement in die
Bewegungsbahn gebracht. Dieses wird für weitergehende Untersuchungen durch Abschrägungen oder Ausschnitte verändert. Die
Stellung bezüglich des Industrieroboters wird schrittweise
systematisch modifiziert. Abschließend wird eine Bewegung des
Industrieroboters beim Palettieren, Beladen einer Drehmaschine
und kurzes Anfahren eines Schleifbockes auf Kollision von beiden Verfahren untersucht.

7.2   Einbringung eines Quaders in die Bahn

Für die erste Analyse wird das quaderförmige Peripherieelement
mit einer Grundfläche von 600 x 200 mm in eine kreisförmige
Bahn eingebracht. Die kreisförmige Bahn wird durch geeignete
Wahl des Start- und des Endpunktes erreicht. Zusätzlich ist die
z-Koordinate beider Punkte identisch. Um die Vergleichbarkeit
der Ergebnisse zu erhalten, werden die Handachsen, die beim
2-1/2 D-Verfahren unberücksichtigt sind, nicht bewegt. Das
Bild 46 zeigt die grundsätzliche Anordnung.

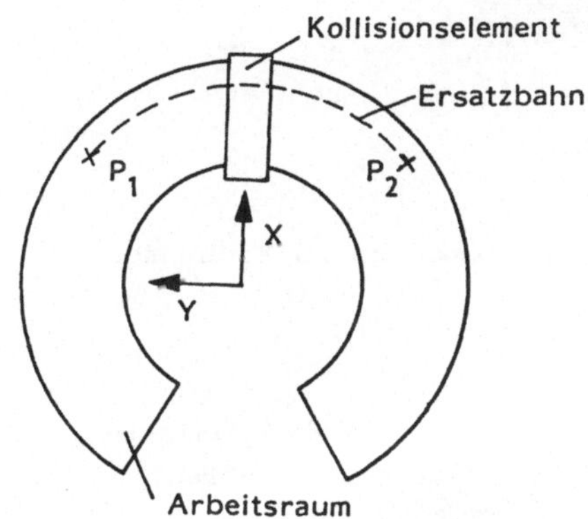

Um das Verhalten der Strategien zu zeigen, wird das
Kollisionselement zunächst
in Richtung x-Achse des
Basiskoordinatensystems
(Bild 46) in Schritten
von 100 mm verschoben, wobei die Höhe des Elementes
so gewählt ist, daß ein
Überfahren ausgeschlossen
wird.

Bild 46: Basisanordnung für die
        Kollisionsuntersuchung

Wie das Bild 47 zeigt, unterscheiden sich die Ergebnisse der
beiden Verfahren bei einem quaderförmigen Kollisionselement,
welches umfahren wird, bezüglich der Bewegungszeit kaum. Es
ergibt sich durch den Einsatz des 3-D-Verfahrens nur eine Reduzierung der Bewegungszeit von maximal 5%, die Rechenzeit ist
jedoch um bis Faktor 720 höher. Die auftretenden Kollisionen
wurde von beiden Verfahren zuverlässig erkannt.

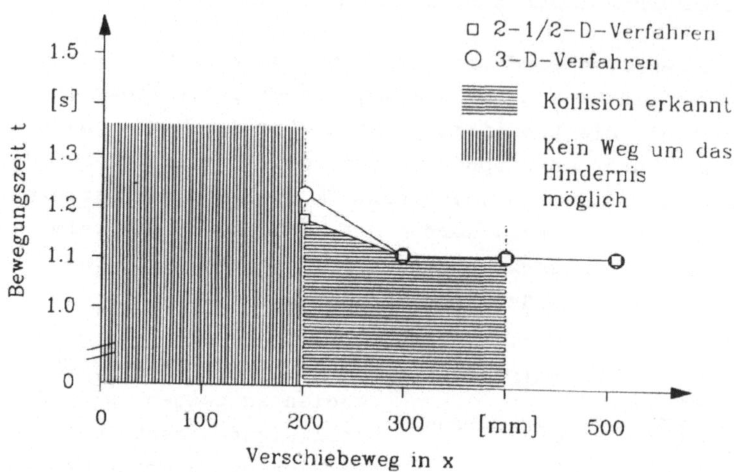

Bild 47: Variation des Kollisionselementes in Richtung der x-Achse

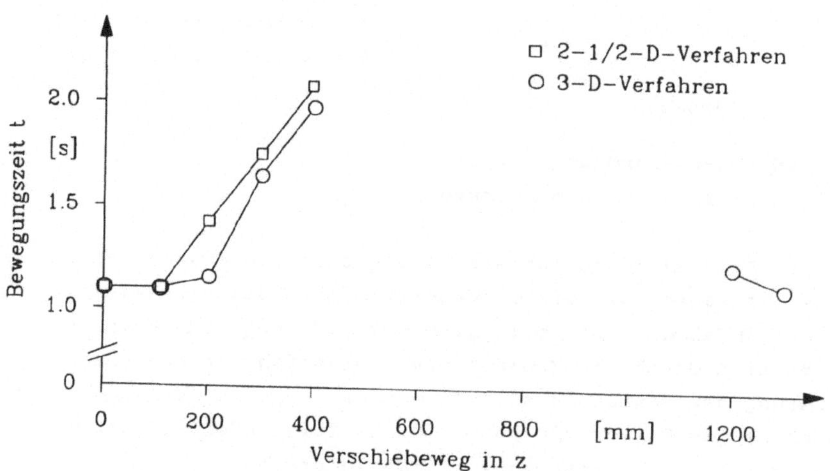

Bild 48: Variation des Kollisionselementes in Richtung der z-Achse

Vergleichbare Ergebnisse ergeben sich bei der Modifikation der
Stellung des Kollisionselementes in Richtung der z-Achse, wenn
das Kollisionselement so gesetzt wird, daß ein Umfahren nicht
mehr möglich ist (Bild 48). Bei der Veränderung des Kollisionselementes in z-Richtung wird ebenfalls von beiden Verfahren
zuverlässig auf Kollision erkannt. Bei der Erzeugung der Kollisionsvermeidungspunkte ergeben sich jedoch Unterschiede.

Im Bereich von z=100 bis z=200 wird von dem 3-D-Verfahren erkannt, daß beim Manutec A1 Industrieroboter die Basisachse über
das Hindernis hinaus kollisionsfrei ist. Erst wenn die 3. Achse
Kollision aufweist, wird ein zusätzlicher Zwischenpunkt generiert. Hierdurch zeigt sich, daß in speziellen, häufig nur in
schwer vorhersehbaren Fällen, die größere Abbildungsgenauigkeit des Industrieroboters beim 3-D-Verfahren zu Ergebnissen
führt, die näher an der Realität liegen, als dies durch das
2 1/2-D-Verfahren möglich ist.

Ein weiterer großer Unterschied zwischen den beiden Strategien
zeigt sich, wenn ein Weg unter dem Kollisionselement gefunden
werden soll. Hier führt ausschließlich das aufwendige 3-D-Ver-
fahren zum Ziel (z≥1200).

7.2 Untersuchung der Generierung von Ausweichpunkten an einer schrägen Kollisionselementkante

Um weitere Differenzen zwischen den beiden Strategien aufzuzeigen,
wird das Kollisionselement an der dem Industrieroboter zuge-
wandten Seite mit einer Phase versehen (Bild 49).

Wird jetzt die Stellung des Kollisionselementes wieder entlang
der x- und z-Achse des Basiskoordinatensystems geändert, so
ergeben sich wie aus Bild 50 ersichtlich unterschiedliche
Ausweichpunkte. Neben dem bereits aufgezeigten Einfluß der

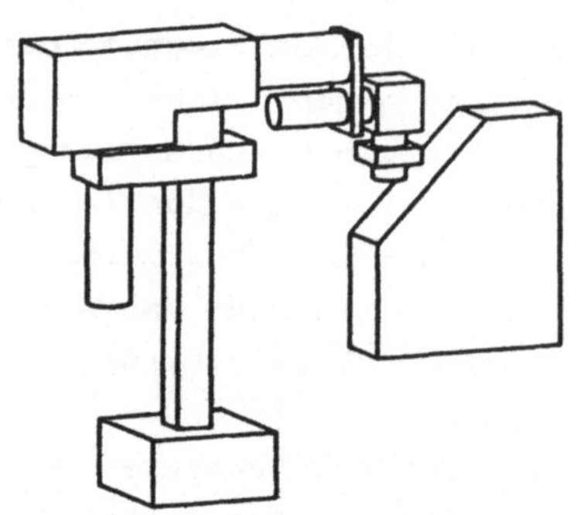

Abbildungsgenauigkeiten, kommt der Prozeß der Auswahl des optimalen Ausweichpunktes zum Tragen. So kann bei dem 2 1/2-D-Verfahren ausschließlich zwischen zwei Punkten gewählt werden, während das 3-D-Verfahren aus einer Punktmenge auswählt.

Bild 49: Kollisionselement mit
         schräger Kollisions-
         elementkante

Als nächstes wird der Abstand zwischen Drehachse des Industrieroboters und dem Endpunkt der Bahn verändert, um eine spiralförmige Ersatzbahn entstehen zu lassen. Das Ergebnis zeigt, daß die obigen Aussagen auch bei dieser Konstellation weiter gelten.

Bei der letzten durchgeführten Modifikation des Start- und des Endpunktes werden die z-Koordinaten unterschiedlich eingestellt. Somit ist die Bahn gekennzeichnet durch einen spiralförmigen und einen wendelförmigen Anteil. Auch hier werden die Ergebnisse der vorangegangenen Untersuchungen bestätigt.

Speziell beim Einbringen des abgeschrägten Kollisionselementes in die Bahn ergeben sich Differenzen zwischen den Resultaten der beiden Verfahren. So beträgt die Differenz der Bewegungszeit bis zu 15%.

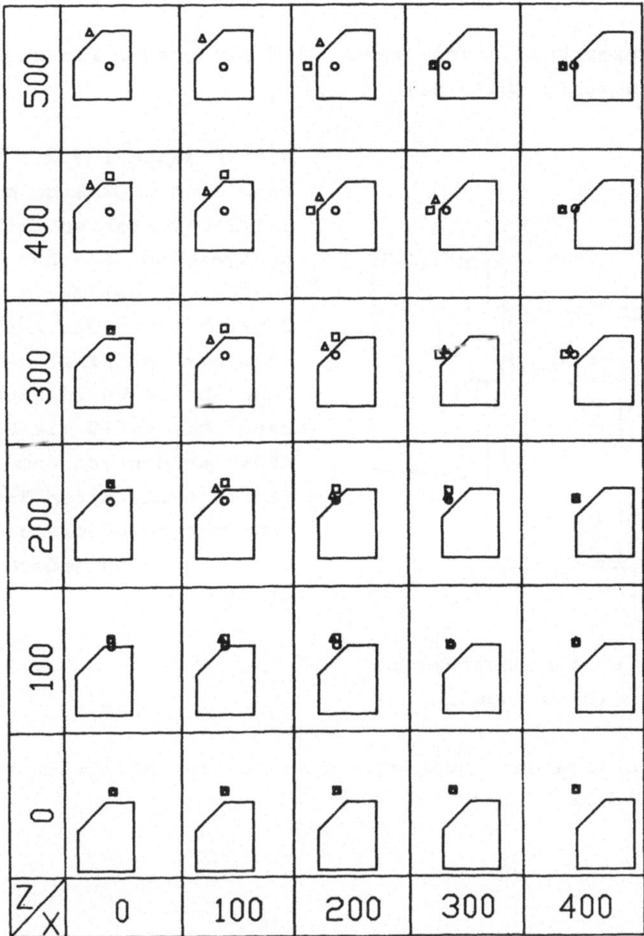

□ Ausweichpunkt mit dem 2-1/2-D-Verfahren ermittelt
▲ Ausweichpunkt mit dem 3-D-Verfahren ermittelt
○ Ersatzbahn des Industrieroboters

Bild 50: Vergleich der ermittelten Ausweichpunkte am Kollisionselement mit abgeschrägter Kante

7.4 Betrachtung eines Ausschnittes im Kollisionselement

Als weiteres Kollisionselement wird ein Quader mit einem Ausschnitt gewählt (Bild 51).

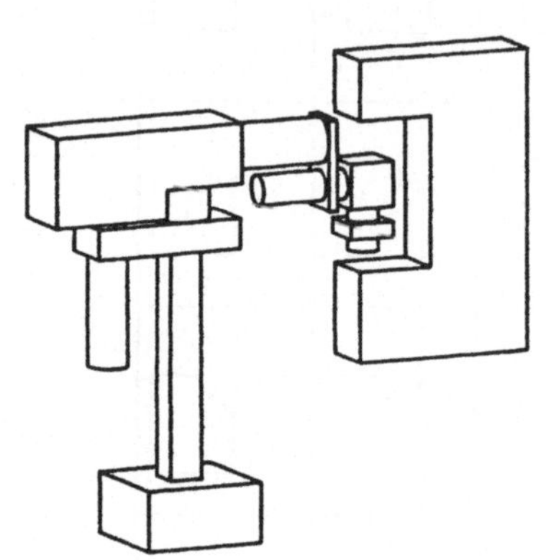

Wie in Kapitel 5.1.3 beschrieben, sind Überhänge mit dem 2 1/2-D-Verfahren nicht zu analysieren. Als Ausweg kann zusätzlich bei der 2 1/2-D-Darstellung der Ausschnitt nach oben geöffnet werden. Dadurch liegen im Bereich von z=400 bis z=600 die Ergebnisse näher an den von dem 3-D-Verfahren ermittelten Ergebnissen, von z=200 bis z=300 wird eine Kollision jedoch nicht sicher erkannt.

Bild 51: Kollisionselement
        mit Ausschnitt

Die Ergebnisse der Untersuchung mit diesem Kollisionselement zeigt Bild 52.

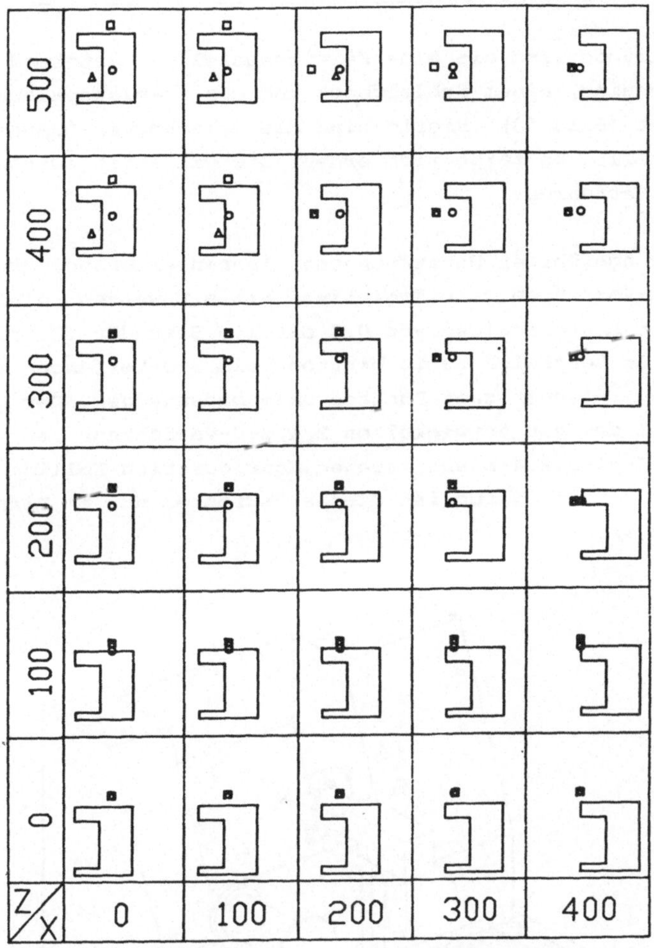

□ Ausweichpunkt mit dem 2-1/2-D-Verfahren ermittelt
▲ Ausweichpunkt mit dem 3-D-Verfahren ermittelt
○ Ersatzbahn des Industrieroboters

Bild 52: Vergleich der ermittelten Ausweichpunkte am Kollisionselement mit Ausschnitt

7.5   Vergleich und Bewertung anhand einer Fertigungszelle

Abschließend wird die eine Fertigungszelle, bestehend aus einer Drehmaschine, einem Schleifbock und einer Ablagepalette, betrachtet (Bild 53). Hierin sind die errechneten Ausweichpunkte dargestellt. Es zeigt sich erneut die Differenz zwischen den beiden Verfahren.

Die durchgeführten Untersuchungen lassen erkennen, daß mit dem 2 1/2-D-Verfahren gute Ergebnisse erzielt werden. Diese Aussage wird bei Antwortzeiten von 0,4 bis 1,0 Sekunden für dieses Verfahren im Vergleich zu 15 Minuten beim 3-D-Verfahren für eine Bewegung zwischen zwei Punkten umso bedeutender. Der große Nachteil des neu entwickelten 2 1/2-D-Verfahrens ist, daß bei der in Kap. 5.2.4 beschriebenen Konfiguration Kollisionen nicht erkannt werden. Darum ist dieses Verfahren nur im Planungsbereich sinnvoll einzusetzen.

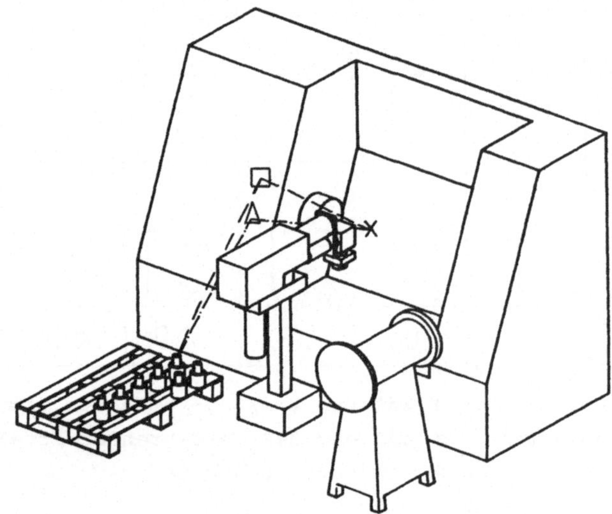

Bild 53a: Fertigungszelle mit Darstellung der errechneten Bahn
einschließlich der Ausweichpunkte

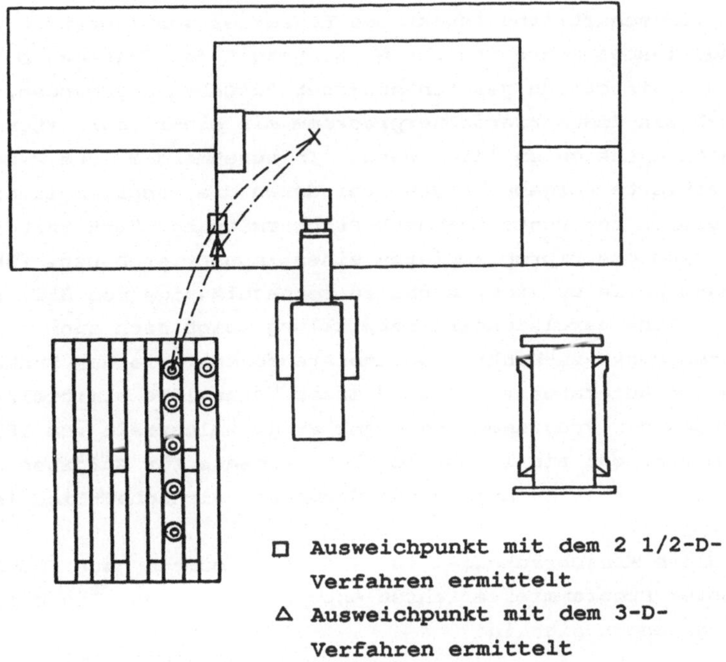

Bild 53b: Fertigungszelle mit Darstellung der errechneten Bahn
einschließlich der Ausweichpunkte

Für die abschließende Kontrolle eines off-line-generierten Industrieroboterprogramms ist der Einsatz des 3-D-Verfahrens
unbedingt notwendig. Dies gilt insbesondere, wenn an ein
Überspielen des generierten Industrieroboterprogramms auf das
reale System gedacht ist. Ein Einsatz dieses Verfahrens im Dialogbetrieb ist mit heutigen Rechenleistungen jedoch ausgeschlossen.

Der wirtschaftliche Aspekt des Einsatzes von Industrierobotern
hängt insbesondere von der Nutzungszeit der Systeme ab. Somit
wurden historisch gesehen zunächst Aufgaben angegangen, die
durch ein Industrieroboterprogramm mit einer begrenzten Anzahl
von Raumpunkten zu lösen waren. In zunehmendem Maße kamen bahn-
orientierte Aufgaben hinzu, bei denen die Programmierzeiten im
Vergleich zur Punkt-zu-Punkt-Programmierung stark ansteigen.
Ein häufiges Umprogrammieren eines Industrieroboters führt in
diesem Falle zu einer nicht zu vernachlässigenden Stillstands-
zeit. Eine vergleichbare Entwicklung zeigt sich auch bei komplexen Punkt-zu-Punkt-Programmieraufgaben, wie das Punktschwei-
ßen von Autokarossen. Das in einer Istanalyse ermittelte Verhältnis der Programmierzeit zur Programmlaufzeit von 183:1 läßt
erkennen, daß ein Industrierobotereinsatz für Aufgaben dieser
beiden Kategorien nur in der Großserie wirtschaftlich ist.

Um diese Einschränkungen zu vermeiden, mußten neue Industrieroboter-Programmierverfahren entwickelt werden. Die Möglichkeiten gliedern sich in:

- sensorgestützte und sensorgeführte Verfahren,
- textuelle Verfahren basierend auf in höheren Programmiersprachen editierten Programmen und
- graphisch/interaktiv unterstützte Verfahren.

Speziell graphisch/interaktiv unterstützte Verfahren, welche
die Programmierzeiten verkürzen, werden zunehmend an Bedeutung gewinnen. So haben in dem Bereich der Planung Systeme bereits Eingang in die Industrie gefunden. Dies ist möglich, da
die Anforderungen an Genauigkeit und Handhabbarkeit im Planungsbereich bei weitem nicht denen bei der Off-line-Programmierung von Industrierobotern entsprechen.

Eine Analyse und Bewertung der Kollisionserkennungs- und -vermeidungsalgorithmen zeigt im Vergleich zu einem definierten Anforderungsprofil, daß für die Planung und die Off-line-Programmierung keine die Anforderungen erfüllende Algorithmen verfügbar sind. Da das Kollisionsbehandlungssystem optimal in ein Gesamtsystem eingebunden werden sollte, ergibt sich die Notwendigkeit zur Entwicklung eines neuen modularen Systems für die Planung und Off-line-Programmierung von Industrierobotern.

Dieses modular entworfene System ist an dem obigen Anforderungsprofil ausgerichtet und beinhaltet als einen wesentlichen Punkt die Kollisionsbehandlung. Die Datenstruktur, mit der die Elemente der Industrieroboterzelle beschrieben werden, wurde so gewählt, daß eine Kollisionsüberprüfung und bei Punkt-zu-Punkt Bewegungen auch eine automatische Kollisionsvermeidung durchgeführt werden kann.

Das Kollisionsbehandlungssystem basiert auf zwei Verfahren. Das eine Verfahren bedient sich einer 2 1/2-D-Geometriedarstellung, wobei dieses Vorgehen bei den Ergebnissen zu einer begrenzten Aussagesicherheit führt. Die Rechenzeiten für die Ermittlung von Kollisionen und zur Kollisionsvermeidung liegen jedoch unter einer Sekunde/Bewegung, ein Wert der einen sinnvollen Einsatz im Dialogbetrieb möglich macht. Bei der Planung von Industrierobotersystemen ist dieses Verfahren sehr gut geeignet.

Das andere Verfahren basiert direkt auf einer 3-D-Volumen-Darstellung der Elemente. Durch das Bilden eines Kollisionsschlauches ist hier unabhängig von einer Iterationsschrittweite eine Analyse des Kollisionsverhaltens möglich. Basierend auf Form und Position der Hinderniselemente wird auch im 3-D-Verfahren eine kollisionsfreie Bahn für den Industrieroboter ermittelt. Die Antwortzeiten in Verbindung mit der erreichbaren Genauig-

keit machen den Einsatz bei der abschließenden Kontrolle eines
off-line-generierten Industrieroboterprogrammes sinnvoll. An-
hand von Analysen und eines Beispieles werden die Ergebnisse
der beiden Kollisionsverfahren demonstriert und verglichen.

Durch die Bereitstellung des modularen Off-line-Programmiersystems CASOR ist es erstmals möglich, aus einer Anzahl vorbe-
reiteter Module diejenigen herauszuziehen, die sich in Verbindung mit applikationsspezifisch zu entwickelnden Spezialmodulen
zu einem einfach zu handhabenden anwendungsbezogenen Off-
line-Programmiersystem zusammensetzen lassen.

9   <u>Schrifttum</u>

1. Schweizer,M.:   Durchbruch mit Verspätung. In: Roboter
                          5 (1987) 1, S. 24-28.

2. VDI 2860 Blatt 1:   Montage- und Handhabungstechnik; Hand-
                          habungsfunktionen, Handhabungseinrich-
                          tungen, Begriffe, Definitionen, Symbo-
                          le.

3. Blume,C.;   Freiprogrammierbare Manipulatoren.
   Dillmann,R.:   Würzburg: Vogel Verlag, 1981.

4. Warnecke,H.-J.:   Advanced Methods for Programming of
                          Industrial Robots. In: Proceeding of
                          Prolamat 1985, June 11-13 1985/Prola-
                          mat. Paris: 1985, S. 415-425.

5. Williams,D.F.:   A Tactile Sensing Method for Program-
                          ming a Robot for Surface Following.
                          In: 6th British Annual Report Associa-
                          tion, May 16-19 1983. Birmingham: 1983,
                          S. 183-192.

6. Pritschow,G.;   Selbstprogrammierung von Industrierobo-
   Gruhler,G.:   tern durch Führung im geschlossenen
                          Regelkreis. In: Steuerung und Regelung
                          von Robotern. Düsseldorf: VDI Verlag
                          1986.

7. Blume,C.;   Programmiersprache für Industrieroboter.
   Jakob,W.:   Würzburg: Vogel Verlag, 1983.

8. Blume,C.;   Teach-In und mehr. In: Roboter
   Jakob,W.:   2 (1984) 1, S. 40-45.

9. Weck,M.;
   Niehaus,T.;
   Osterwinter,M.:
   An interactive Model based Robot Programming and Simulation Workstation. In: Off-line programming of Industrial Robots - Proceedings of the IFIP WG 5.3, June 2-3 1986/IFAC Working Conference. Amsterdam: North-Holland, 1986.

10. Niehaus,T.;
    Zühlke,D.:
    Off-line-programmiert und getestet. In: Roboter 2 (1984) 3, S. 22-24.

11. Magnus,K.:
    Kreisel -Theorie und Anwendung- . Berlin: Springer Verlag, 1971.

12. Ahrens,U.;
    Altenhein,A.;
    Göhner,M.:
    Fortschrittliche Methode zur Programmierung von Industrierobotern. In: CAMP '84 Computer Graphics, 25.-28. September. Berlin: VDE-Verlag, 1984.

13. Altenhein,A.;
    Göhner,M.;
    Schlaich,G. u.a.:
    Off-line- Programming of Wire-Harness - an Example of Task Oriented Industrial Robots. In: Off-line programming of Industrial Robots - Proceedings of the IFIP WG 5.3, June 2-3 1986/IFAC Working Conference. Amsterdam: North-Holland, 1986.

14. Altenhein,A.;
    Kirchhoff,U.;
    Williams,D.F.:
    The Correction of Modelling Errors in Planning Robot Tasks using ROMPS. In: Robotics Software Program (Brussels Educational Members Meeting) November 12-14 1985. Brussel: CAM-I, 1985.

15. Emde,H.:
    Leiterplattenbestückung mit Industrierobotern. In: F & M 94 (1986) 8, S. 515-517.

16. Göhner,M.;   Herstellung von Kabelbäumen. In: Roboter
    Zeile,U.;   4 (1986) 6, S. 86-93.
    Schlaich,G.:

17. N.N.:   Abschlußbericht zum Vorhaben "Forschung
                      zur Humanisierung des Arbeitslebens",
                      Anwendungsberatung für flexible Hand-
                      habungssysteme - Beratungszentrum In-
                      dustrieroboter (BZI) -. Bonn: Bundesmi-
                      nister für Forschung und Technik,
                      (Veröffentlichung in Vorbereitung).

18. Lederer,R.:   Programmierung von NC-Maschinen mit
                      mehreren Werkzeugschlitten.
                      Stuttgart, Universität, Dr.-Ing. Dis-
                      sertation, 1988.

19. Stark,G.;   CAD-Robotersimulation, Praxiserfahrung
    Wörn,H.:   in einem Maschinenbauunternehmen. In:
                      Proceeding of CAT 86, Mai 1986.
                      Stuttgart: WCGA, 1986.

20. Diedenhoven,H.:   CAD-Modelle zur Berechnung kollisions-
                      freier Positionierwege für fünfachsige
                      NC-Maschinen. In: CAD/CAM 4 (1985) 3,
                      S. 62-67.

21. Udupa,S.M.:   Collision Detection and Avoidance in
                      Computer Controlled Manipulators. Ca-
                      lifornia, Institute of Technology, PhD
                      thesis, 1976.

22. Lozano-Perez,T.;   An Algorithm for Planning Collision-
    Wesley,M.A.:   Free Paths Among Polyhedral Obstacles.
                          In: Communications of ACM 22 (1979) 10,
                          S. 165-175.

23. Gerke,W.:   Die dynamische Programmierung zur Pla-
                         nung kürzester kollisionsfreier Bahnen
                         für Industrieroboter. In: Robotersysteme
                         1 (1985) 1, S. 43-52.

24. Pilland,U.:   Eine wirtschaftliche Echtzeitkollisions-
                         erkennung für Drehmaschinen. In: Indus-
                         trie-Anzeiger 108 (1986) 12, S. 38-39.

25. Hoyer,H.:   Verfahren zur automatischen Kollisions-
                         vermeidung im koordinierten Betrieb.
                         Hagen, Fernuniversität, Dr.-Ing.
                         Dissertation, 1984.

26. Schmidt-Streier,U.: Methoden zur rechnerunterstützten Ein-
                         satzplanung von programmierbaren Hand-
                         habungsgeräten. Stuttgart, Universität,
                         Dr.-Ing. Dissertation, 1982.

27. Reles,T.;   Off-line Kollisionskontrolle bei
    Schöling,H.:   Industrierobotern. In: VDI-Z
                         125 (1983) 17, S. 647-652.

28. Stöck,H.P.:   Sensorloses on-line-Überwachungssystem
                         zur Vermeidung von Kollisionen bei
                         Industrierobotern. In: Industrie-
                         Anzeiger 105 (1983) 26, S. 59-60.

29. N.N.:   Prospekt Graphical Robot Application
                         Simulation Package, Firma BYG Systems
                         Ltd., Nottingham.

30. Myers,J.K.;
    Agin,G.J.:
Designing a Collision Avoidance System for Robot Controlers. In: Robotics World 1 (1983) 1, S. 36-39.

31. Mills,R.:
Smarter Off-line-Programming for Robots. In: CAE 5 (1986) 11, S. 38-44.

32. Stobart,R.-K.:
Collision Detection for the Off-Line Programming of Robots. In: Off-line programming of Industrial Robots - Proceedings of the IFIP WG 5.3, June 2-3 1986 /IFAC Working Conference. Amsterdam: North-Holland, 1986.

33. Pritschow,G.;
    Kayser,K.-H.:
Dreidimensionale Echtzeit-Kollisions-überwachung an Fertigungseinrichtungen. In: Werkstattstechnik 77 (1987) 4, S. 201-205.

34. Frank,H.:
Programmier- und Überwachungsfunktionen für Teilartbezogene NC-Werkzeugmaschinen. Stuttgart, Universität, Dr.-Ing. Dissertation, 1986.

35. N.N.:
Software Product Description Manual, Prospekt Fa. McAuto, St. Louis, 1983.

36. Howie,P.:
Graphic Simulation for Off-Line Robot Programming. In: Robotics Today 6 (1984) 1, S. 63-66.

37. Jackovich,N.:
Simulation Software Eases Robotic Mark-Cell Construction. In: Electronics 56 (1983) 20, S. 128-130.

38. Borrel,P.;
    Dombre,E.;
    Liegeois,A.:

A CAD System for Programming and Simulating Robot Actions. In: Digital System for Industrial Automation 2 (1983) 2, S. 201-229.

39. Borrel,P.;
    Dombre,E.;
    Liegeois,A. u.a.:

The Robotics Facilities in the CAD-CAM CATIA System. In: Developments in Robotics/ Roocks (Hrsg.). Bedford: IFS, 1983, S. 243-256.

40. Couture,S.:

Comparing CATIA to Romps. In: Minutes Robotic Software Program Meeting. Dallas/Texas: CAM-I, 1985.

41. N.N.:

IRPASS: A Unique Interactive Robot Programming and Simulation System, Fa. Nokia, Helsinki, 1981.

42. VDI 2863 Blatt 1:

Programmierung numerisch gesteuerter Handhabungseinrichtungen; IRDATA; Allgemeiner Aufbau, Satztypen und Übertragung.

43. N.N.:

Unimate, Puma Mark II Robot (500 & 700 Series); Volume II - Programming Manual (User's Guide to VAL), Fa. Unimation, 1983.

44. N.N.:

Robotersteuerung Bosch rho 2, Handbuch, Fa. Bosch, 1984.

45. Pritschow,G.;   Off-line Programming System with geo-
    Storr,A.;   metrical Data recording by manually
    Gruhler,G.;   guided Industrial Robot. In: Off-line
    Schumacher,H.:   programming of Industrial Robots -
                       Proceedings of the IFIP WG 5.3, June
                       2-3 1986/ IFAC Working Conference.
                       Amsterdam: North-Holland, 1986.

46. Altenhein,A.;   Bewegungsdarstellung und Off-line-Pro-
    Göhner,M.;   grammierung von Industrierobotern. In:
    Moser,K.:   Tagungsband vom 8.Decus Symposium.
                       München: Decus München, 1985.

47. N.N.:   Prospekt: The Romulus Solid Modelling
                      System Kernel Interface Reference Ma-
                      nual, Cambridge, 1985.

48. Bronstein,I.;   Taschenbuch der Mathematik. Frank-
    Semendjajew,K.A.: furt/M.: Harri Deutsch, 1973.

IPA Forschung und Praxis

Schriftenreihe aus dem Institut für Produktionstechnik und
Automatisierung, Stuttgart

Herausgeber: Prof. Dr.-Ing. H. J. Warnecke

Stufenweise Ableitung eines praktischen Planungssystems für den Entwicklungsbereich
Von R. Hichert. ISBN 3-7830-0149-8.
1978, 151 Seiten, kartoniert.   52,— DM

Produktionsplanung mit Auftragsfamilien
Von U. W. Geitner. ISBN 3-7830-0161.7.
1979, 110 Seiten, kartoniert.   45,— DM

Thermisch-chemisches Entgraten
Von T. Wagner. ISBN 3-7830-0164-1.
1979, 111 Seiten, kartoniert.   45,— DM

Untersuchung der Materialflußkosten bei ausgewählten Systemen der Zentralen Arbeitsverteilung
Von R. Wenzel. ISBN 3-7830-0162-5.
1979, 168 Seiten, kartoniert.   86,— DM

Anpassung und Einführung eines Planungssystems für die Ablaufplanung im Konstruktionsbereich
Von W. Dangelmaier. ISBN 3-7830-0163-3.
1979, 168 Seiten, kartoniert.   80,— DM

Längenmessungen an bewegten Teilen mit berührungslos wirkenden Aufnehmern
Von H. Lang. ISBN 3-7830-0157-9.
1979, 89 Seiten, kartoniert.   42,— DM

Untersuchung multistabiler Strömungselemente und ihr Einsatz in sequentiellen Steuerungen
Von A. Ernst. ISBN 3-7830-0157-9.
1979, 122 Seiten, kartoniert.   48,— DM

Taktile Sensoren für programmierbare Handhabungsgeräte
Von M. Schweizer. ISBN 3-7830-0158-7.
1979, 91 Seiten, kartoniert.   42,— DM

Die rechnerunterstützte Prüfplanung
Von P. Bläsing. ISBN 3-7830-0152-8.
1979, 100 Seiten, kartoniert.   44,— DM

Verfahren zur Fabrikplanung im Mensch-Rechner-Dialog am Bildschirm
Von W. Ernst. ISBN 3-7830-0156-0.
1979, 218 Seiten, kartoniert.   72,— DM

Rechnerunterstütztes Verfahren zur Leistungsabstimmung von Mehrmodell-Montagesystemen
Von M. Görke. ISBN 3-7830-0155-2.
1979, 139 Seiten, kartoniert.   50,— DM

Standortbezogene Betriebsmittel
Von G. Pflieger. ISBN 3-7830-0167-6.
1979, 127 Seiten, kartoniert.   52,— DM

Die betriebswirtschaftliche Beurteilung neuer Arbeitsformen
Von B.-H. Zippe. ISBN 3-7830-0168-4.
1979, 350 Seiten, kartoniert.   98,— DM

Untersuchung des Arbeitsverhaltens programmierbarer Handhabungsgeräte
Von B. Brodbeck. ISBN 3-7830-0169-2.
1979, 117 Seiten, kartoniert.   48,— DM

Untersuchung eines kohärent-optischen Verfahrens zur Rauheitsmessung
Von N. Rau. ISBN 3-7830-0174-9.
1979, 117 Seiten, kartoniert.   48,— DM

Entwicklung einer programmierbaren, pneumatischen Steuerung
Von D. Klemenz. ISBN 3-7830-0171-4.
1979, 93 Seiten, kartoniert.   42,— DM

IPA Forschung und Praxis

Berichte aus dem Fraunhofer-Institut für Produktionstechnik und
Automatisierung, Stuttgart, und dem Institut für Industrielle Fertigung
und Fabrikbetrieb der Universität Stuttgart

Herausgeber: Prof. Dr.-Ing. H. J. Warnecke

IPA-IAO Forschung und Praxis

Berichte aus dem Fraunhofer-Institut für Produktionstechnik und
Automatisierung (IPA), Stuttgart, Fraunhofer-Institut für Arbeitswirtschaft
und Organisation (IAO), Stuttgart, und Institut für Industrielle Fertigung
und Fabrikbetrieb der Universität Stuttgart

Herausgeber: Prof. Dr.-Ing. H. J. Warnecke und Prof. Dr.-Ing. H.-J. Bullinger

---